普通高等教育"十二五"规划教材

环境与健康

刘春光　莫训强　主编

化学工业出版社
·北京·

本书共分为10章，较系统地阐述了环境健康科学的基础知识，总结了空气、土壤和水体等典型环境介质的特点及其污染与人体健康的关系，介绍了固体废物、噪声等传统环境问题的危害，以及电磁辐射、放射性污染、光污染等非物质污染的危害及防护。本书还专门介绍了近年来引起广泛关注的新型污染物，如全氟化合物、药物及个人护理品、溴化阻燃剂、双酚A、人造纳米材料以及饮用水消毒副产物等。此外，本书还介绍了常见食物的营养特点及安全性。

与同类书籍相比，本书添加了与现代生活相关的新内容；引入大量的插图，使内容更加生动易懂；结合实际案例，消除理解误区。本书可作为大专院校环境与健康相关课程的教材或课外参考书，也可作为一般读者的科普读物。

图书在版编目（CIP）数据

环境与健康/刘春光，莫训强主编．—北京：化学工业出版社，2014.8（2024.2 重印）

普通高等教育"十二五"规划教材

ISBN 978-7-122-20872-9

Ⅰ.①环⋯　Ⅱ.①刘⋯②莫⋯　Ⅲ.①环境影响-健康-高等学校-教材　Ⅳ.①X503.1

中国版本图书馆 CIP 数据核字（2014）第 119625 号

责任编辑：满悦芝　　　　　　装帧设计：尹琳琳

责任校对：边　涛

出版发行：化学工业出版社（北京市东城区青年湖南街 13 号　邮政编码 100011）
印　　装：北京七彩京通数码快印有限公司
787mm×1092mm　1/16　印张 10　字数 240 千字　2024 年 2 月北京第 1 版第 5 次印刷

购书咨询：010-64518888　　　　　　售后服务：010-64518899
网　　址：http://www.cip.com.cn

凡购买本书，如有缺损质量问题，本社销售中心负责调换。

定　价：24.00 元　　　　　　　　　　　　　　　　　　　版权所有　违者必究

前　言

当今中国，环境污染与人体健康是一个热门的话题。人们纷纷开始关注，环境污染对我们的健康究竟造成了哪些直接影响。特别是当我们不得不面对污染时，应该如何应对才能保障自己和家人的健康与安全。我们生活的环境真的有那么糟吗？未必如此。事实上，这很可能是由于公众环保意识的增强，加上媒体的渲染，给人们带来的一种错觉。当然，必须承认，我们的确正面临着不少环境问题，这些问题正在威胁着我们的健康，有必要加以重视。

本书编者作为环境科学专业的教师，除了为学生答疑解惑外，还要经常为亲友提供关于环境与健康方面的咨询服务。他们咨询比较多的问题包括如何应对装修污染，雾霾天戴什么口罩，孕妇或宝宝喝什么水，是否有必要穿防辐射服等。此类咨询有逐年增多的趋势，反映出公众对环境与健康的关系越来越关切。编者还注意到，面对环境问题，很多人容易受到网上不实信息的误导，从而作出错误的决定。以电磁辐射问题为例，有不少人认为手机、电脑对人的辐射危害很大，吓得一些孕妇甚至不敢用手机，一些孕妇花高价购买所谓的防辐射服。还有人用一些很唯心的方法加以应对，例如在电脑旁摆一盆仙人掌，真是令人啼笑皆非。

2009 年，本书编者在南开大学开设了公共选修课"环境与健康"，受到学生的普遍欢迎，这表明大学生已经开始关注环境与健康的关系了。经过五年多的积累，我们认为有必要将教学成果总结成书，以便帮助学生更好地理解相关知识。我们结合学生的兴趣点，在传统的大气、水体、土壤污染的基础上，增加了新型污染物以及食品安全等方面的内容。在每一章中，尽可能地融合一些贴近生活的内容，以使本书更具实用性。为了帮助非环境类专业的读者更好地理解本书，我们尽量避免使用过于专业的术语，以使书中内容通俗易懂，并精选了一些图片加以辅助说明。此外，本书尽可能多地列举了最新发生的案例，以便读者能够更好地将书本上的内容与实际生活相联系。因此，本书不仅可以作为环境与健康相关课程的教材，也可以为普通读者了解环境与健康的知识提供参考。

全书共分 10 章，第 1 章由刘春光、张彪编写，第 2 章、第 9 章由莫训强编写，第 3 章由刘春光、张嘉琦编写，第 4 章由刘春光、方祥光编写，第 5 章、第 8 章由刘春光、卢文凯编写，第 6 章、第 7 章由刘春光、张彪编写，第 10 章由刘春光、陈筱佳编写。赵倩、常璨、颜培炎、刘朋静、梁丹妮、吴永健、王舒瑜、苗盼秋在资料收集、图片整理以及书稿校对等方面作出了重要贡献。

本书的编写得到南开大学 2012 年度教材建设立项和 2012 年本科教育教学改革立项的资助。主管教学工作的鞠美庭副院长、刘海峰老师以及教务处的有关同志在教材建设立项和本书编写过程中给予了无私的帮助，在此一并感谢。庄源益教授、漆新华教授在本书编写过程中也一直给予充分的支持和鼓励。化学工业出版社的编辑在本书的选题以及编写等环节提出了很多宝贵意见，在她的敦促和鼓励下，本书才得以顺利完稿，在此深表谢意。

书中参考了部分案例和资料，在此对相关作者表示感谢。由于编者水平有限，加之编写周期短，书中舛误在所难免，敬请读者批评指正。

感谢我们的父母，一直为我们作着默默无闻的奉献。特将此书献给他们。

编者
2014 年 7 月
于南开园

目 录

1 绪论 1
  1.1 人类与环境 1
  1.2 环境与健康 3
    1.2.1 空气污染 3
    1.2.2 水污染 4
    1.2.3 土壤污染与退化 5
    1.2.4 其他污染 5
    1.2.5 新的挑战 6
  思考题 7

2 环境健康科学 8
  2.1 环境因素 8
    2.1.1 物理因素 8
    2.1.2 化学因素 10
    2.1.3 生物因素 11
  2.2 危害与响应 13
    2.2.1 毒害效应 14
    2.2.2 联合作用 16
  2.3 基本研究方法 17
    2.3.1 环境流行病学 18
    2.3.2 环境毒理学 18
  思考题 21

3 空气 22
  3.1 谁弄脏了我们的空气 22
    3.1.1 什么是大气污染 22
    3.1.2 哪里来的污染物 23
  3.2 大气污染物的危害 27
    3.2.1 气溶胶污染物 27
    3.2.2 二氧化硫 30
    3.2.3 氮氧化物 31
    3.2.4 一氧化碳 32
    3.2.5 臭氧 33
  3.3 室内空气污染 34
    3.3.1 居室装修污染 34
    3.3.2 车内空气污染 35
    3.3.3 办公室的污染 36
    3.3.4 二手烟的危害 36
    3.3.5 其他居家污染 37
  思考题 38

4 土壤和农业 40

- 4.1 土壤和土壤污染 ·· 40
- 4.2 土壤污染类型 ··· 41
  - 4.2.1 工业和生活污染 ··· 41
  - 4.2.2 农业污染 ·· 42
- 4.3 土壤自净 ··· 44
  - 4.3.1 物理净化 ·· 44
  - 4.3.2 化学净化 ·· 44
  - 4.3.3 生物净化 ·· 44
- 4.4 土壤修复 ··· 45
  - 4.4.1 物理修复 ·· 45
  - 4.4.2 化学修复 ·· 45
  - 4.4.3 生物修复 ·· 45
- 4.5 农产品安全 ·· 46
  - 4.5.1 农产品污染 ·· 46
  - 4.5.2 安全保障 ·· 47
  - 4.5.3 有机农业 ·· 48
- 4.6 转基因技术的应用 ··· 49
  - 4.6.1 转基因食品 ·· 50
  - 4.6.2 转基因食品管理 ··· 51
- 思考题 ·· 52

5 水

- 5.1 水资源 ·· 53
  - 5.1.1 水资源分类 ·· 53
  - 5.1.2 世界水资源短缺 ··· 54
  - 5.1.3 中国水资源短缺 ··· 55
  - 5.1.4 水与人体健康 ·· 56
- 5.2 水污染 ·· 56
  - 5.2.1 水污染概述 ·· 57
  - 5.2.2 水污染种类及危害 ·· 57
- 5.3 再生水 ·· 61
  - 5.3.1 再生水的优势 ·· 61
  - 5.3.2 再生水的应用现状 ·· 61
  - 5.3.3 我国再生水的应用 ·· 62
  - 5.3.4 再生水的安全性 ··· 63
- 5.4 饮用水安全 ·· 63
  - 5.4.1 饮用水来源 ·· 63
  - 5.4.2 输水过程中的污染 ·· 63
  - 5.4.3 二次供水 ·· 64
  - 5.4.4 瓶装水 ··· 65
  - 5.4.5 桶装水 ··· 65
  - 5.4.6 科学饮水 ·· 67
- 思考题 ·· 67

6 固体废物

- 6.1 固体废物及其危害 ··· 68

  6.1.1 固体废物的产生 …… 68
  6.1.2 固体废物的危害 …… 69
 6.2 危险废物 …… 72
  6.2.1 危险废物的特性 …… 72
  6.2.2 电子垃圾 …… 73
  6.2.3 医疗废物 …… 74
  6.2.4 放射性废物 …… 74
  6.2.5 危险废物的越境转移 …… 75
 6.3 固体废物的处理 …… 77
  6.3.1 卫生填埋 …… 77
  6.3.2 焚烧 …… 77
  6.3.3 微生物处理 …… 78
 6.4 固体废物的资源化 …… 79
  6.4.1 分类回收 …… 80
  6.4.2 避免无序回收 …… 81
思考题 …… 83

7 噪声污染 …… 84
 7.1 噪声 …… 84
  7.1.1 噪声概述 …… 84
  7.1.2 噪声来源 …… 85
  7.1.3 噪声的度量 …… 87
 7.2 噪声的危害 …… 88
  7.2.1 噪声对听力的损伤 …… 88
  7.2.2 噪声的其他危害 …… 89
  7.2.3 噪声影响情绪 …… 90
  7.2.4 噪声的敏感人群 …… 91
 7.3 噪声的防护 …… 92
  7.3.1 噪声管理 …… 92
  7.3.2 噪声控制和防护 …… 94
思考题 …… 96

8 隐形污染 …… 97
 8.1 电磁辐射污染 …… 97
  8.1.1 电磁辐射的产生 …… 97
  8.1.2 电磁辐射的危害 …… 99
  8.1.3 电磁辐射的强度 …… 99
  8.1.4 避免电磁辐射的方法 …… 102
 8.2 放射性污染 …… 104
  8.2.1 放射源 …… 104
  8.2.2 放射性污染对人体的危害 …… 106
 8.3 光污染 …… 107
  8.3.1 可见光污染 …… 107
  8.3.2 红外光污染 …… 109
  8.3.3 紫外光污染 …… 110
思考题 …… 112

9 新型污染物 ... 113

9.1 全氟化合物 ... 114
9.1.1 认识全氟化合物 ... 114
9.1.2 环境中的 PFCs ... 115
9.1.3 PFCs 的危害 ... 116

9.2 药物及个人护理品 ... 116
9.2.1 环境中的 PPCPs ... 117
9.2.2 PPCPs 的危害 ... 119

9.3 溴化阻燃剂 ... 121
9.3.1 认识溴化阻燃剂 ... 121
9.3.2 溴化阻燃剂的危害 ... 122

9.4 双酚 A ... 123
9.4.1 生活中的双酚 A ... 123
9.4.2 双酚 A 的危害 ... 123

9.5 人造纳米材料 ... 125
9.5.1 纳米材料概述 ... 125
9.5.2 纳米材料的环境风险 ... 126

9.6 饮用水消毒副产物 ... 127
9.6.1 消毒副产物的产生 ... 127
9.6.2 DBPs 的健康风险 ... 128

思考题 ... 129

10 饮食与健康 ... 130

10.1 营养与健康 ... 130
10.1.1 食物中的营养 ... 130
10.1.2 膳食营养搭配 ... 133

10.2 食品安全与健康 ... 135
10.2.1 食品的生物性污染 ... 135
10.2.2 食品的化学性污染 ... 138

10.3 科学饮食 ... 141
10.3.1 理性选择健康饮食 ... 141
10.3.2 饮品与健康 ... 143
10.3.3 科学认识保健食品 ... 147

思考题 ... 148

参考文献 ... 150

1 绪 论

　　1994年9月，在美国亚利桑那州沙漠上的高科技试验场，8个饥饿、劳累的试验者结束了为期两年的"伊甸园"生活。这个封闭的试验场是美国用来作为太空扩展和移民计划的一个生态模型。在这个封闭体系中，生物工程设施能够生产食物，净化水和空气，并实现水的循环，能供8个试验者在里面生活而不需要与外界进行原料（包括空气）交换。这个封闭体系被称作生物圈2（Biosphere 2），占地13000平方米，其中有生活区、种植粮食作物的温室，还模拟设置了小规模的沙漠、雨林、草原和海洋。图1.1示出了生物圈2的外景和内景。

图1.1　生物圈2的外景和内景

　　从一开始，生物圈2就饱受争议和质疑。到第一年年末，试验者报告了空气和水质的恶化状况。空气中氧气的比例从20%下降到14%，这与海拔5300米高处的氧气水平相当，刚刚能够维持居住者的生理功能正常运转。一氧化二氮的浓度几乎达到了令人麻木的水平。1994年1月，管理者不得不通入新鲜空气来恢复试验场的空气成分比例以拯救这些可怜的人。

　　随后的调查表明，氧气的消耗主要是由庄稼地中的微生物造成的；同时，新建筑物所用的混凝土吸收了微生物新陈代谢释放的大量二氧化碳。如果没有这个二氧化碳吸收池，空气质量将比实际恶化得更快。同时，水体出现了严重的富营养化问题，水中的物种不断减少，饮用水也受到了污染。生物圈2中物种消失的数量比原来预想的要多得多。能帮助授粉的昆虫全部死亡，因此大部分的植物不能产生种子，食物供应也下降到警戒线水平。

　　生物圈2的建造成本接近2亿美元，为保证体系运转而供应的化石燃料每年需100万美元。在生物圈2中，每个人类居住者在其中生活所需要的费用约为2500万美元每年。虽然这个试验失败了，但是至少它说明了我们的自然界所提供的生态服务的巨大价值。生物圈2的失败告诫我们：人类在茫茫宇宙中只有地球这一处家园，逃离和束手待毙都是于事无补的。地球不是实验室，我们输不起，只有善待和保护她才是我们的明智选择。

1.1 人类与环境

　　宇宙茫茫，浩瀚无垠，地球在其中如同沧海一粟，但却是我们人类唯一的家园。我们的生存和健康与地球的环境息息相关。迄今为止，地球是人类最理想、最优越的生存和发展基地。这里有肥沃的土地、充足的水源、适宜的气候、温暖的阳光、茂密的森林、美丽的草原、辽阔的海洋、丰富的能源……它们都是人类生存不可或缺的物质基础。由于担心地球毁灭，人类一直没有停止寻找新的生存空间。图1.2所示为美国科研人员正在测试"好奇号"火星探测器。

图1.2　美国科研人员正在测试"好奇号"（curiosity）火星探测器

为了生存，为了保持身体健康，我们的机体必须一刻不停地进行新陈代谢。良好的饮食，可以为我们的身体提供生命所需的蛋白质、糖类、脂类、无机盐、水等物质和能量；洁净的空气，能为我们身体内部的生物化学反应提供必不可少的氧气；适宜的衣物，能够帮助我们保持合适的体温，使得新陈代谢的酶类能够正常发挥作用；舒适的住所，既能帮助我们抵御风吹日晒，又能提供休息睡眠的场所。而这一切，都离不开一个安全、稳定、清洁的生存环境。

人类生活的自然环境，按环境要素可分为大气环境、水环境、土壤环境、地质环境和生态环境，分别对应地球的五大圈——大气圈、水圈、土圈、岩石圈和生物圈。人类在生存与发展的过程中既受制于环境，同时也不断地适应并逐渐改造着环境。

在经历工业革命的洗礼后，人类的生产力获得了巨大的提高，人类对地球环境的影响力也日益显著。我们每天需要消耗大量的物质和能源，而它们绝大多数来自于环境；同时，我们每天也在向地球排放大量废弃的物质和能量，它们的受体也是环境。人类对地球环境无止境的消耗、掠夺和肆意污染已经逐步超出了地球的承受能力，由此而引发了日益严重的环境问题，而环境问题反过来也在日益威胁着人类的生存和发展。

引发环境问题的因素根据其性质主要可划分为自然因素和人为因素。前者包括火山爆发、地震、风暴、海啸等自然灾害；后者则指人类的生产、生活活动及其影响，主要包括：人类活动排放的各种污染物超过了环境容量的容许极限，使环境受到污染和破坏；或是人类开发利用自然资源超出了环境自身的承载能力，使生态环境质量恶化或导致自然资源枯竭。

审视人类社会的发展历程，可以把环境问题的产生和发展划分为以下三个阶段。

第一个阶段（萌芽阶段）：从人类诞生到18世纪中叶工业革命前。在原始社会，由于人类社会生产力水平低下，对自然环境的改造、开发和利用能力有限，对环境的破坏作用微弱。到了奴隶社会和封建社会，生产力水平得以提高，逐渐造成了局部的环境问题，例如大量砍伐森林导致的水土流失、过度放牧造成的土壤沙化等。

第二个阶段（恶化阶段）：从工业革命到20世纪80年代发现臭氧层空洞前。以蒸汽机的发明为标志的工业革命的到来，极大地提高了生产力，使人类开发利用和破坏环境的能力显著增强；而城市化的发展又进一步加剧了环境的恶化。在这一阶段，发生了一系列震惊世界的环境"公害"事件，如比利时马斯河谷烟雾事件、日本富山骨痛病事件等。据有关资料统计，1953—1973年间全球共发生"公害"事件52起，因"公害"死亡14万人，"公害"发生次数和由其导致的死亡人数分别是1909—1930年间的17倍和153倍。

第三个阶段（高潮阶段）：从20世纪80年代南极上空发现臭氧层空洞到现在。由于电力、能源、机械、化工、汽车、通信等行业的迅速发展，加上计算机在生产中的应用，人类的生产能力又出现了巨大的飞跃。同时，生活水平的提高使人口数量迅速增长，城市化速度明显加快。这一时期的环境破坏范围显著增大，表现为全球性环境问题，例如酸雨、沙尘暴、全球变暖以及臭氧层破坏等。

1.2 环境与健康

人类为了生存发展，提高生活品质，改善健康状况，需要充分开发利用各种环境资源。但是，不适当的开发活动会使环境遭到破坏，进而危害到人体健康。因此，人类需要注意自己的活动不能超越环境所能承受的限度，使其失去自我调节和恢复的能力。否则，可能会造成环境破坏和生态失衡，人类也会因此而将自己置于险境之中。

1.2.1 空气污染

地球上的绝大多数生物每时每刻都需要呼吸空气。空气不仅为我们提供氧气，也为绿色植物提供二氧化碳，供它们进行光合作用。空气中的水汽还能够为我们提供降水，能够形成雾、霜、雨、雪，促进全球水分和热量的交换和迁移。洁净的空气是地球上所有生物的福祉，人类必须保护好它，这实际也是在保护我们自己。

空气污染是指有害物质进入空气并在其中停留足够的时间，对人和其他生物构成危害的现象。空气污染一部分是由自然活动引起，如火山喷发、沙尘暴、飓风、地震、海啸、雷电等；另一部分是由于人类活动造成的，如化石燃料燃烧、工业废气排放等。相对于偶然发生的自然灾害，长期存在且越来越剧烈的人类活动是空气污染的主要来源。

由人类活动形成的空气污染源主要包括工业源、交通运输源、农业源与生活源等。这些污染源中，交通运输源所占的比重越来越大，特别是在一些大城市，机动车尾气排放已经成为关键污染物（如悬浮颗粒物）的主要来源。目前，大气中的典型污染物包括颗粒物、硫氧化物、一氧化碳、氮氧化物、光化学氧化剂、挥发性有机化合物等。其中，悬浮颗粒物（特别是细颗粒物，即$PM_{2.5}$）逐渐成为多数城市空气的首要污染物。近年来，"雾霾天"有持续高发态势，这是否由空气污染直接导致，已经成为公众关注的焦点。悬浮颗粒物是大气能见度下降的主要原因。图1.3示出了北京不同空气质量下的能见度对比。

随着工作和生活方式的改变，人们在居室内活动的时间越来越长，室内空气污染问题也引起了人们的重视。室内空气污染来自多方面，目前人们最关注的当属装修带来的污染，其中甲醛被认为是罪魁祸首。事实上，室内空气污染的来源远非只有装修，很多来源都被人们所忽视，例如各类办公电器可能释放有害物质，吸烟、烹饪等居家活动也会污染室内空气。

图 1.3　北京不同空气质量下的能见度对比

此外，值得一提的是，随着有车族的增多，车内空气污染问题也必须引起警惕。

1.2.2　水污染

水是生命体的重要组成部分，是生命存在的基础。因地球表面大部分被水体所覆盖，故有人将其比喻为"水球"。然而，当前世界上的水资源形势却不容乐观，包括我国在内的不少国家存在水资源短缺的问题。我国的水资源短缺已经成为制约国民经济发展的瓶颈之一，这一问题在北方地区和东部沿海尤其严重。水资源短缺可以分为水量型缺水和水质型缺水，后者主要是由水污染造成的。

水污染是指污染物进入水体后，使水体质量下降或失去原有功能的现象。常见的水体污染物包括氮、磷、重金属、有机化学品、石油类以及传染性媒介物等。水污染的来源主要包括工业废水、生活污水、农业污水等。通常，工业废水含有较多的有害物质，包括有毒无机、有机污染物和重金属等；生活污水中含有较多的有机物，虽然本身无毒，但是容易在分解过程中消耗大量溶解氧而导致水质恶化；农业污水一般含有农药和较多的氮、磷，其中的氮、磷是导致水体富营养化的主要原因。此外，一些大型的污染事故，如海洋溢油、放射性物质泄漏等，不仅使水质下降，还会带来严重的生态灾难。

农药、重金属等有毒污染物不仅直接危害水生生物，而且会通过食物链进入人体，特别是一些污染物能够在生物体包括人体内不断累积，当在机体中达到一定浓度时便发生显著的毒害效应。氮、磷等营养物质尽管不会直接危害人体健康，但会导致藻类大量繁殖，有些藻类会分泌藻毒素，从而危及人类健康。

为了缓解水资源的不足，我国正在摸索将再生水作为城市补充水源的新途径，并且已经取得了初步的成效。再生水是指把污水经过净化后再作为水源使用的水。目前，再生水已经在一些城市被应用于景观水、绿化灌溉水、洗车冲厕用水等。由于再生水源于污水，在利用过程中不可回避的一个问题就是其安全性。再生水中一般含有较多的氮、磷，这会给景观水带来富营养化风险。再生水中可能会含有较多的重金属，如果用于灌溉可能会危害植物。此外，再生水如果消毒不彻底，其中所含的细菌、病毒等会危害公众安全。

1.2.3 土壤污染与退化

土壤是地球陆地表面具有肥力、能生长植物和微生物的疏松表层。土壤是农业发展的基础，只有良好的土壤才能作为农田为人类提供食物。在全球都在进行工业化和城市化的大背景下，土壤环境正面临越来越严峻的考验。土壤污染、土壤侵蚀、水土流失以及土地沙化等问题正严重损害着作物赖以生存的基质。

土壤污染是指土壤中污染物的含量超过了土壤的自净能力、危害植物和土壤生物的现象。土壤污染物还会通过植物、动物或水等途径进入人体，危害人类健康。土壤往往是水污染物和空气污染物的受体，其污染途径多种多样。例如，污水排放处理不当就会污染土壤，特别是工业污水中常含有重金属、酚、氰化物等有毒有害物质，此类污水若未经适当处理就灌溉农田，会将有毒物质带入农田，被农作物吸收，进而进入食物链，对人体健康造成危害。

相比于水污染和大气污染带给人类的直观感受，土壤污染具有隐蔽性和滞后性的特点，从污染开始到问题的出现往往需要经过较长时间。土壤污染对人体健康的危害主要表现为：土壤中的污染物质可以被农作物根系吸收，进而存储在农作物体内，如果牲畜或者人类以受污染的农作物为食，有害物质就会富集在动物或人体内，从而损害机体健康。土壤污染导致的另一个问题是使耕地减少和农作物减产，从而限制农业的发展。

沙漠化是指在极端干旱、半干旱地区的沙质地表条件下，由于自然因素或人为活动的影响，脆弱的生态系统平衡遭到破坏，风沙活动频发，并逐步形成风蚀、风积地貌结构和景观的土地退化过程。土地沙漠化是一个世界性的生态环境问题，其危害主要体现在土地退化、生物群落退化、气候变化、水文状况的恶化等方面。

由于土地资源减少，土壤退化，加上病虫害等原因，全球农作物的产量和品质受到极大限制。在全球人口不断增加、粮食短缺问题日益严重的背景下，利用转基因技术改善农作物的遗传性状，提高植物的抗逆性，并提高农作物产量和品质，成为很多国家的重要选择。然而，由于转基因技术的安全性尚未得到充分证实，因此该技术的使用和推广一直饱受争议。

1.2.4 其他污染

在我们的生活环境中，还存在各类非物质性污染，也可以称之为"隐形污染"。其特点是不存在实际的污染物质，有的甚至不能直接被人类感知，但又真实存在，这些污染可能在悄悄地侵蚀我们的健康。此类污染包括噪声污染、电磁辐射污染、放射性污染、光污染等。

(1) 噪声污染　当人们希望休息或安心工作时，都希望有一个安静的环境。然而，很多时候，机器的轰鸣声、汽车的喇叭声、小贩的叫卖声……这些刺耳嘈杂的噪声破坏了我们的心情，使我们没法正常休息和工作。噪声是指物体振动所产生的令人不适的声音。这些声音除了能够影响人类正常的工作、学习和生活外，还会对人类的生理和心理健康造成不利影响。噪声不仅能够影响人类的听力和视力，令人产生头痛、脑涨、失眠、全身疲乏无力以及记忆力减退等症状，还会对人类的心血管系统和消化系统造成不良影响。

(2) 电磁辐射污染　随着手机等无线设备的普及，公众对电磁波的危害也越来越担心。我们生活在一个充满电磁波的环境中，大功率电器设备、无线通信设施等都会发射电磁波。研究表明，在超量电磁波环境下工作和生活过久，人体组织内分子原有的电场会发生变化，导致机体生态平衡紊乱，神经系统和心血管系统方面的疾病发病率升高，还可能引起乏力、失眠、注意力难以集中、胸闷、心悸、血小板减少、免疫功能降低等症状。但是，日常生活中较低功率的电磁辐射对人体不会构成明显影响，因此不必过于担忧。

（3）放射性污染 2011年，日本福岛核电站放射性物质泄漏事故，引发了人们对放射性污染的持续关注。放射性污染是指由于人类活动所导致的物质、环境、人体的表面或内部出现超过相关标准的放射性物质或射线。核废料、核爆降尘、医疗照射、科研放射等是常见的放射性污染源。放射性污染会导致人体出现脱毛、感染等症状，严重时出现腹痛、腹泻等损伤，大剂量照射会直接导致死亡。此外，长期接触放射性物质会引发中枢神经和淋巴组织的破坏，损害生育能力，导致癌症、白血病等重症。因此在日常生活中，有必要了解有可能接触到的放射源，掌握基本的规避和防护措施。

（4）光污染 我们生活在一个五彩斑斓的世界，在这个世界中，光具有神奇的、不可替代的作用。光不仅为人类提供能源、照亮道路，还能够创造丰富多彩的景观。现代社会中，人类对光的利用达到了前所未有的高度。然而，人类的不适当活动也可能使本应造福我们的光成为一种危害，形成光污染。光污染是指天然光源或者人工光源对自然环境或者人类正常生活产生的不利的影响。光污染往往会损害人的视力，导致内分泌失调，引发头痛、疲劳、性能力下降，增加压力和焦虑，使人出现出冷汗、神经衰弱、失眠等大脑中枢神经系统的病症。

1.2.5　新的挑战

科技的发展日新月异，材料合成技术、物质提取技术突飞猛进，越来越多的新材料、新物质开始服务于我们的生活，也不可避免地将我们暴露于新的、未知的环境风险当中。与此同时，对环境有害物质的检测技术也在飞速发展，很多不为人知的有害物质开始被我们一一发现，引发了人们对新型污染物的关注。目前，人们关注较多的新型污染物主要有全氟有机化合物、双酚A、药物与个人护理品、饮用水消毒副产物、人造纳米材料等。这些物质有的是刚刚被人类创造出来，有的是最新检测到，有些对人体的健康风险还存在不确定性，还等待着环境和医学工作者的深入探索。图1.4示出了美国某超市的容器类商品货架上悬挂着

图1.4　美国某超市的容器类商品货架上悬挂着"不含双酚A"标志（BPA free）

"不含双酚A"标志（BPA free）。

民以食为天。吃得饱，是人类生存的基本需求。在我国，对于绝大多数人来说，吃饱饭已经不是问题。随着人们对生活品质的追求，吃得安全、吃得健康逐渐成为人们的新要求。然而，我国近年来的各类食品安全问题一直困扰着普通民众和政府管理者。食品安全问题，已经由过去的微生物污染、农药残留等传统问题发展为抗生素残留、滥用食品添加剂、违法使用地沟油等新问题。此外，人们生活水平的提高，在吃到足够的肉、蛋、奶等高质量食物的同时，又出现了营养过剩、营养不均衡等问题，导致了越来越多的"富贵病"。因此，如何吃得安全，吃得健康，也成为实现健康生活的新挑战。

思 考 题

1. 除地球以外，你觉得哪个星球有可能为人类提供生存环境？
2. 在日常生活中，有哪些环境问题在威胁着你的健康？
3. 关于环境与健康，网上有很多不实传言，你能分辨它们的真伪吗？
4. 目前，全球性的环境问题有哪些？
5. 在本书中，你希望了解哪些知识？

2 环境健康科学

2010年12月,"腾讯网"推出了坎昆会议特刊《走近2012》,记录了某村因常年污染而成为"癌症村"的事实。据报道,在我国,除部分形成原因不明的癌症村以外,其余90%左右的癌症村的形成都与现代工业污染有关。

20世纪以来,随着煤炭、钢铁、石油、化学工业和交通运输业的迅猛发展,新的城市和工矿区不断出现,城市人口急剧增加。与此同时,废水、废气、废渣以及农药等有机合成物质、放射性物质和噪声等不断污染环境甚至形成公害。伦敦烟雾事件、洛杉矶光化学烟雾事件等重大环境公害夺去了成千上万人的生命。除此之外,因污染而引起的癌症以及非特异性疾病发病率和死亡率的增高,也引起人们的广泛重视,从而促进了环境健康科学的发展。

环境健康科学是研究自然环境、生活居住环境与人类健康的关系,研究如何利用和控制环境因素,从而预防疾病,保障人类健康的科学。其基本任务在于揭示人类赖以生存的环境与机体二者之间的辩证关系,阐明环境对人体健康的影响及人体对环境要素的响应,寻求解决二者矛盾的途径和方法,以保证人体健康与环境的协调和持续发展。

2.1 环境因素

环境因素是环境健康科学研究的重要方面,其对人体健康的影响尤其是不利影响是环境健康科学关注的重点。各种环境因素中,有的可对人体产生有益的作用,有的会在一定的条件下对人体产生不利的作用,其中能够引起机体不良反应的环境因素称为环境有害因素。环境有害因素包括的内容比较广泛,按其性质主要可以划分为物理因素、化学因素和生物因素。

2.1.1 物理因素

常见的物理因素主要包括小气候、噪声、电磁辐射、电离辐射等。随着工业社会经济的快速发展,科技新产物不断涌现,这些物理因素的影响范围在不断扩大,越来越严重地影响人们的健康。

2.1.1.1 小气候

小气候是指在局部范围内,因下垫面局部特性影响而形成的贴地层和土壤上层的气候。任何一个特定区域(如温室、仓库、车间、庭院等)都会受到该地区气候条件的影响,同时因下垫面性质不同、热状况各异,加上人的活动等,就会形成小范围特有的气候状况。小气候中的温度、湿度、光照、通风等条件,直接影响农作物的生长、人类的工作状态以及家庭的生活情趣等。在建筑物内,由于围护结构、墙、屋顶、地板、门窗等的分隔作用形成了与室外不同的室内气候,称为室内微小气候(又称为居室小气候),主要包括温度、湿度、气流和热辐射、周围物体表面湿度等四种气象因素。

居室小气候对人体的直接作用是影响人体的体温调节。良好的小气候可以维持人体热平衡,使人体体温调节处于正常状态。相反,不良的小气候则可以影响人体热平衡,使体温调节处于紧张甚至紊乱的状态。如果长期处于这种状态，还可能导致身体其他系统的失衡和各种疾病的发生。小气候变动超出一定范围后，可导致机体体温调节机制处于紧张状态。如果体温调节长期处于紧张状态，就会导致神经、消化、呼吸、循环等系统的功能减弱，患病率增加。图 2.1 所示的有宽敞空间和适度绿化的建筑物有助于改善室内小气候。

图 2.1　建筑物内宽敞的空间和适度的绿化

2.1.1.2　噪声

声音由物体振动引起，以波的形式在一定的介质（如固体、液体、气体）中进行传播；噪声则是发声体做无规则振动时发出的声音。通常所说的噪声污染大多是由人为活动造成的。噪声对人体最直接的危害是损伤听力。人们在进入强噪声环境时，暴露一段时间即会感到双耳难受，甚至会出现头痛等症状。噪声能够通过听觉器官作用于大脑中枢神经系统，以致影响到全身各个器官，故噪声除对人的听力造成损伤外，还会给人体其他系统带来危害，使人出现头痛、脑涨、耳鸣、失眠、全身疲乏无力以及记忆力减退等神经衰弱症状。生活中的噪声污染几乎无处不在（见图 2.2）。

2.1.1.3　电磁辐射

电磁辐射是一种复合的电磁波，以相互垂直的电场和磁场随时间的变化而传递能量。人体生命活动包含一系列的生物电活动，这些生物电对环境的电磁波非常敏感，因此电磁辐射可以对人体造成影响和损害。人体受到电磁辐射后，电磁波干扰了人体固有的微弱电磁场，使血液、淋巴液和细胞原生质发生改变，影响人体的循环、免疫、生殖和代谢功能等。电磁辐射对于孕妇的危害更大，过量的辐射可导致胎儿畸形或流产。

2.1.1.4　电离辐射

电离辐射是一切能引起物质电离的辐射总称，其种类很多，高速带电粒子有 α 粒子、β 粒子、质子，不带电粒子有中子以及 X 射线、γ 射线。电离辐射存在于自然界，但目前人工辐射已遍及各个领域，例如核燃料及反应堆、X 射线透视、工业部门的加速器等。强烈的电离辐射会对人体健康构成极大威胁。核武器的爆炸瞬间可致数十万人死亡，核工业发展的过

图 2.2 生活中的噪声污染几乎无处不在

程中产生的核辐射或核素的内照射都可对机体内的生命大分子和水分子造成电离和激发，进而呈现各种形式的伤害效应。最常见的是急性放射病和慢性放射病及远期的"三致作用"（致癌、致畸、致突变作用）。

2011年3月11日，日本东北地区宫城县北部发生里氏9.0级地震，导致福岛第一核电站发生放射性物质泄漏事故。泄漏的碘131放射的β射线可杀伤人体中的一部分甲状腺细胞，使得甲状腺逐渐缩小，从而导致甲状腺合成的甲状腺激素减少，进而引发相关疾病；泄漏的钚毒性较大，而且半衰期较长，对于土壤的污染最为严重，将会对农副产品的安全性产生严重影响。监测资料显示，日本福岛第一核电站发生放射性物质泄漏事故后，我国境内蔬菜发现极微量碘131。

2.1.2 化学因素

环境中的化学因素成分复杂，种类繁多，其中许多成分的含量适宜，是人类维持生存和身体健康必不可少的。然而随着社会经济的发展尤其是化学工业的推广，越来越多的化学物质被排放到环境中，不但造成了严重的环境污染，也给人体健康带来了一定的危害。根据其性质，环境中的化学污染物可分为金属及类金属污染物、非金属类污染物、有害气体、农药类及石油化工类污染物等。图2.3所示为2004年岁末，发生在印度尼西亚的大地震引发大海啸。大海啸同时引发了沿海石油泄漏，造成了严重的化学污染。

化学污染物中许多成分是生物体中多种酶的重要组成部分，可能引起酶活性的改变，从而导致机体代谢失调而造成疾病。人们最为关注的是那些对生物有急慢性毒性、易挥发、难降解、高残留、通过食物链危害身体健康的化学品。这些危害主要表现如下。

(1) 环境荷尔蒙类　研究表明，大约有70种化学品（如二噁英等）能够进入人体干扰雄性激素的分泌，导致雄性特征退化，如男子的精子数量减少、活力下降。

(2) 致癌、致畸、致突变化学品类　研究表明，有140多种化学品对动物有致癌作用，其中确认对人的致癌物和可疑致癌物有40多种。可使人或动物致畸、致突变的化学品更多。

图 2.3 印度尼西亚海啸现场

(3) 有毒化学品突发污染类　有毒有害化学品突发污染事故发生频繁，严重威胁人民生命财产安全和社会稳定，有的甚至会造成生态灾难。据报道，2009 年 11 月，孟加拉国有两百万人集体砷中毒，造成多人丧命，堪称人类史上最大的中毒案。

2.1.3　生物因素

生物圈中的生命物质都是相互依存、相互制约的，它们之间不断进行物质循环、能量流动和信息交换，共同构成生物与环境的综合体。有的生物本身在不断繁衍的过程中会为人类造福，有的生物则会给人类带来威胁，如致病性的微生物可成为烈性传染病的媒介。生物性有害因素的来源非常广泛，可能是地方性的，也可能是外源性的；可能是人类特有的，也可能是人畜共患的；可能源自生活性污染，也可能源自生产性污染。值得注意的是，如得不到妥善管理，医疗卫生机构本身就可能成为生物性有害因素的重要来源。

2.1.3.1　鼠疫

鼠疫（plague）是由鼠疫耶尔森菌引起的自然疫源性疾病，也叫作黑死病。鼠类是重要的传染源，主要是以鼠蚤为媒介，经人的皮肤感染会引发腺鼠疫，经呼吸道感染会引发肺鼠疫。其临床表现为发热、淋巴结肿大、肺炎、出血倾向，严重者会发展为败血症。鼠疫传染性强，死亡率高，是危害人类最严重的烈性传染病之一，属国际检疫传染病。由于全民灭鼠运动的开展，近年来鼠疫在我国已得到控制，但仍然不能掉以轻心。

新华网 2013 年 10 月 12 日报道，马达加斯加一些监狱和贫民区出现鼠疫患者，该国政府已经和有关国际机构采取措施防止鼠疫扩散。鼠疫研究防治中心已对患者进行了严格的隔离。该国防疫部门正联合国际红十字会，在发现鼠疫患者的监狱和贫民区采取灭鼠、灭蚤行动以消灭传染源。马达加斯加是世界上鼠疫最严重的国家，自 2009 年以来，该国年均发现 500 余例鼠疫患者。图 2.4 所示为我国防疫人员开展鼠疫疫情控制模拟演练。

2.1.3.2　百日咳

百日咳（pertussis）是由百日咳鲍特氏杆菌引起的传染病，通过飞沫传播，婴幼儿百日

图 2.4　我国防疫人员开展鼠疫疫情控制模拟演练

咳会引起呼吸暂停,皮肤和黏膜呈现青紫色。百日咳多发生在 6 个月以下的婴儿中,是引起婴儿死亡的一个重要原因。每年全球约有 5000 万儿童患百日咳,导致 30 万儿童死亡,绝大多数死亡病例出现在发展中国家,一岁以内的孩子是主要死亡人群。

据报道,2013 年百日咳在美国德克萨斯州大规模爆发,有超过 2000 名患者,其中 2 个婴儿由于年龄太小无法种植疫苗而最终死亡。该州负责控制传染病的官员警告公众,百日咳极具传染性,对婴儿极具杀伤力,希望人们引起高度重视。图 2.5 所示为婴儿正在接种百日咳疫苗。

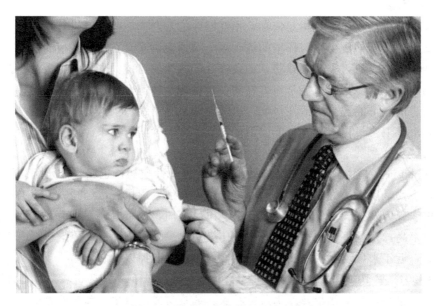

图 2.5　婴儿正在接种百日咳疫苗

2.1.3.3　疟疾

疟疾(malaria)是由疟原虫引起的寄生虫病,夏秋季发病较多。在热带及亚热带地区一年四季都可以发病,并且容易流行。典型的疟疾多呈周期性发作,表现为间歇性寒热发作。一般在发作时先有明显的寒战,全身发抖,面色苍白,口唇发紫,接着体温迅速上升

(常达 40℃或更高),面色潮红,皮肤干热和出汗,大汗后体温降至正常或正常以下。

据中国网络电视台报道,由于大雨、洪灾和高温导致蚊虫大量繁殖,引发疟疾在喀麦隆大肆扩散。截至 2013 年 10 月 31 日,有近 800 人死亡。喀麦隆是一个疟疾多发国家,曾经有着极高的疟疾发病率和死亡率,特别是儿童受害严重。自 2005 年实施全国性抗击疟疾计划以来,喀麦隆疟疾发病率和死亡率均有大幅降低,但疟疾问题在该国仍然较为严重。2013 年 5 月,喀麦隆学生在集会活动中手举呼吁抵抗疟疾的标语(见图 2.6)。

图 2.6　2013 年 5 月,喀麦隆学生在集会活动中手举呼吁抵抗
疟疾的标语(标语上英文意思为"联合起来抗击疟疾"、"我们能够控制疟疾"……)

2.1.3.4　严重急性呼吸综合征

严重急性呼吸综合征(Severe Acute Respiratory Syndromes),又称传染性非典型肺炎,简称"非典"或 SARS,是一种因感染 SARS 冠状病毒引起的新的呼吸系统传染性疾病。2003 年 4 月 16 日,WHO 宣布一种新型冠状病毒是 SARS 的病原,并将其命名为 SARS 冠状病毒(SARS-Coronary Virus,SARS-CoV)。该病毒很可能来源于动物,由于外界环境的改变和病毒适应性的增加而跨越种系屏障传染给人类,并实现了人与人之间的传播。

2002 年 11 月,SARS 的全球首发病例出现在广东佛山,并迅速形成流行态势。截至 2003 年 8 月 5 日,29 个国家报告临床诊断病例 8422 例,全球因非典死亡人数 919 人,病死率近 11%。统计显示:中国内地累计病例 5327 例,死亡 349 人;中国香港 1755 例,死亡 300 人;中国台湾 665 例,死亡 180 人;加拿大 251 例,死亡 41 人;新加坡 238 例,死亡 33 人;越南 63 例,死亡 5 人。据统计,SARS 导致的死亡者中 1/3 是工作在第一线的医护人员。2003 年"非典"期间,我国医护人员在执行任务前相互检查防护装备(见图 2.7)。

2.2　危害与响应

环境健康科学的研究对象是环境污染及破坏与人群健康之间的关系,包括环境污染对人群健康的有害影响及其预防措施。其具体任务是研究环境中的物质,尤其是人类排放的污染

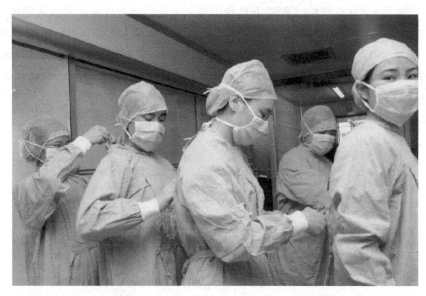

图 2.7 2003 年"非典"期间,我国医护人员在执行任务前相互检查防护装备

物在机体内迁移、转化和积累的过程及其运动规律,探索其对人类健康的影响及其作用机理等。环境健康科学研究为制定环境卫生标准和预防措施提供了科学依据。

2.2.1 毒害效应

毒害效应又称毒性效应,指毒物或药物对机体所致有害的生物学变化。环境中的毒物(污染物)经呼吸道、消化道或皮肤进入机体可能引起多种疾病。根据致病的轻重缓急程度不同可以划分为急性中毒、慢性中毒、致癌、致畸、致突变、致敏性等。

2.2.1.1 急性中毒 (acute intoxication)

急性中毒是指毒物短时间内经皮肤、黏膜、呼吸道、消化道等途径进入人体,使机体受损并发生器官功能障碍。急性中毒起病急骤,症状严重,病情变化迅速,若不及时治疗常危及生命,必须尽快作出诊断与急救处理。急性中毒按其致毒源性质可分为:工业性毒物(如化学溶剂、油漆)、农业性毒物(如杀虫剂、鼠药)、药物性毒物(如抗癫痫药、退热药)、动物性毒物(如蛇毒、蜂毒)、食物性毒物(如过期或霉变食品、有毒食品添加剂)、植物性毒物(如有毒蘑菇)等。

2013 年 2 月,某医科大学 5 名在北京实习的学生在住所身亡,北京警方经调查确认为燃气热水器故障导致的一氧化碳中毒(俗称"煤气中毒")。一氧化碳无色无味,不易察觉,容易使人发生急性中毒。它极易与血红蛋白结合,形成碳氧血红蛋白,使血红蛋白丧失携氧的能力和作用,造成组织窒息。一氧化碳对全身的组织细胞均有毒性作用,尤其对大脑皮质的损伤最为严重。因此,一氧化碳中毒往往对脑部损伤较严重,而且较难恢复。

2.2.1.2 慢性中毒 (chronic intoxication)

指毒物在剂量不引起急性中毒的条件下,长期反复进入机体所引起的机体在生理、生化及病理学方面的改变,直至出现临床症状。慢性中毒是相对急性中毒而言的,其特点是发病缓慢、所接触毒物量少、接触时间长或反复接触,有一个积累的过程,这个过程可能是几天,也可能达数年。其初期症状一般不明显,只有当体内毒物积蓄达到损害机体组织时症状才能表现出来。日常生活中最常见的即为重金属慢性中毒,包括慢性铅中毒、汞中毒、锰中毒、铬中毒、铍中毒、砷中毒等，也有有机污染物慢性中毒，如慢性苯中毒、汽油中毒、苯胺中毒等。

2009 年 8 月，我国南方某村儿童出现大量脱发的症状。医生怀疑是附近重金属工厂污染所致，引起其他村民警觉，陆续带孩子到医院检查发现，孩子体内的血铅超标。有成年村民到医院检查，也发现血铅超标。经检查，最终发现血铅超标人数超过 1300 人。图 2.8 所示为儿童举着血铅检查的化验单。

图 2.8　儿童举着血铅检查的化验单

2.2.1.3　致敏作用（sensitization）

致敏作用是致敏源引起机体免疫活性细胞对该物质产生特异性免疫，使机体处于变应性（过敏性）状态。例如，二氧化硫可引起哮喘，石棉可引起胸膜炎，某些农药引起接触性皮炎和哮喘，某些化妆品引起光敏性皮炎等。致敏必须同时具备两个条件：① 患者具有发生变态反应病的遗传素质，只有具备这种素质的人才会致敏；② 有特定的环境因素，使机体能与致敏源接触。若要预防过敏，应尽量减少或避免机体与致敏源接触机会，减轻反应的程度，或是用医疗的手段来消除或缓解所产生的病理效应。

2013 年 8 月底，温州的某位女士在某品牌化妆品门市店购买了一套化妆品。从 9 月 1 日开始使用爽肤水、乳液等，9 月 10 日发现面部出现干痒、红肿、蜕皮的现象。经诊治，确认为皮肤过敏。专家指出，因化妆品导致的过敏现象必须引起重视，一经发现应尽快就医，以免延误病情，严重者可能导致毁容。图 2.9 给出了不同化妆品中所含化学品种类数。化妆品中一般都含有十几种甚至几十种化学品，使用不当可能会导致皮肤过敏。

2.2.1.4　致癌性、致畸性、致突变性

其中致癌性（carcinogenicity）是指毒性化学物质或其他化学药剂能使生物体因摄入此化学物质而导致癌细胞产生的特性；致畸性（teratogenicity）是指某种环境因素（物理因素、化学因素及生物因素）使动物和人产生畸形胚胎的能力；致突变性（mutagenicity）是指污染物或其他环境因素引起生物细胞发育非自然突然变化的现象。具有以上三种性质的物质常被称为"三致物质"。以致癌性为例，已有研究发现，砷能够诱发皮肤癌和内脏癌，大

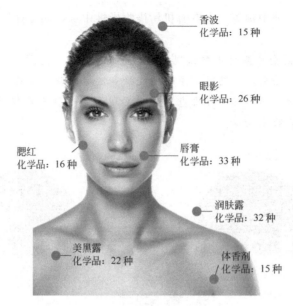

图 2.9 不同化妆品中所含化学品种类数

气污染和香烟烟雾中主要的致癌物能够诱发肺癌、膀胱癌等。

2013 年 10 月 13 日,据西班牙《国家报》网站报道,186 名畸形人士因受到酞胺哌啶酮(别名沙利度胺,原用作中枢镇静剂)的危害,向制药厂索赔两亿零四百万欧元,这种药物致使许多 20 世纪 60 年代出生的胎儿发生畸形。目前,该药物已经被禁用。图 2.10 所示为滥用药物可能会导致胎儿发育畸形。

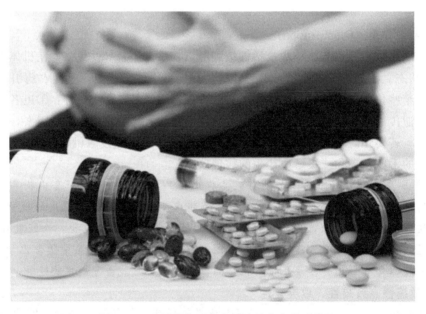

图 2.10 滥用药物可能会导致胎儿发育畸形

2.2.2 联合作用

人们在生产或生活中所遇到的环境因素通常不是单一的,多种有害因素常同时作用于人体产生联合毒害作用,如多种化学物的共同作用、化学因素与物理因素(气温、气湿、气流、热辐射、噪声、振动等）或生物因素间的共同作用。此外，各种有害因素还可通过不同的接触途径作用于机体发生联合作用，其中普遍存在和危害较大的是化学物质之间的联合作用。化学污染物对人体的联合作用，按其剂量-效应关系的变化可以分为以下几种类型。

(1) 独立作用　由于不同的作用方式、途径，同时存在的每个有害因素各自产生不同的影响。发生独立作用主要因为两种毒物的作用部位和机理不同。但是，混合物的毒性仍比单独毒物的毒性大，因为一种毒物常可降低机体对另一毒物的抵抗力。

(2) 相加作用　是指多种化学物质产生联合作用时的毒性为各单项化学物质毒性的总和。能够产生相加作用的化学物质，其理化性质往往比较相似或属同系化合物，它们在体内的作用受体、作用时间以及吸收、排出时间基本一致。如一氧化碳和氟利昂都能导致缺氧，丙烯和乙腈都能导致组织窒息，它们的联合作用特征就表现为相加作用。

(3) 协同作用　当两种化学物质同时进入机体产生联合作用时，其中某一化学物质可使另一化学物质的毒性增强，其毒性作用超过两者之和。产生协同作用的机制一般是一个化合物对另一个化合物的解毒酶产生了抑制所致。

(4) 拮抗作用　一种化学物能使另一种化学物的毒性作用减弱，即混合物的毒性作用低于两种化学物质的任何一种的单独毒性。拮抗作用的机制被认为是在体内对共同受体发生竞争所致。图 2.11 所示为某个既吸烟又饮酒的孕妇，抽烟和饮酒都对胎儿发育有害，两种物质的不利影响还可能发生协同作用。

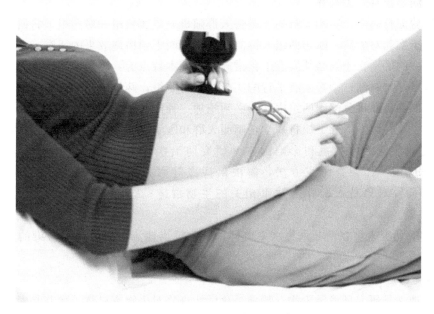

图 2.11　既吸烟又饮酒的孕妇

2.3　基本研究方法

环境健康科学研究不但要运用现代科学技术了解环境因素的物理、化学和生物学性质和特征，还需要认识环境因素作用于机体时所引发的各种生理、生化和病理学反应。在环境健康科学领域，环境流行病学和环境毒理学是两类最基本的研究方法。

2.3.1 环境流行病学

环境流行病学是应用流行病学的理论和方法，阐明环境中污染因素危害人群健康的流行规律，尤其是研究环境因素和人群健康之间的相关关系或因果关系。环境因素对人群健康的影响，不仅反映为疾病，更是一个健康效应谱。因此，环境流行病学不仅研究疾病的分布规律，而且调查研究病人患疾病前后的状态，包括疾病的前期表现及各项生理功能的变化。环境流行病学应用的基本方法主要有描述性流行病学、分析性流行病学、实验流行病学和分子流行病学等。

(1) **描述性流行病学** 描述性流行病学主要是对疾病的分布和频率进行描述，并且根据所获的数据来推断和评估总体的参数。在环境流行病学工作中描述性研究使用最多的是现况研究，又称为横断面研究。现况研究是按事先设计的要求，在某一人群中应用普查或抽样调查的方法，收集特定时间内疾病和暴露的描述性资料，以描述疾病的分布以及某些因素与疾病之间的关联。在进行现况研究时，疾病或健康状况与某些因素的资料是在一次调查中得到，因果是并存的，不能分清谁先谁后，因此不能推论病因，只能对病因分析提供初步线索。

(2) **分析性流行病学** 分析性流行病学主要包括生态学研究、病例对照研究和队列研究。与描述性研究不能推论病因不同，分析性流行病学在研究开始前的设计中就设立了可供对比的两组或若干组（或时间段），用于检验危险因素的假设或用来筛选危险因素，确定暴露于效应之间是否具有关联性。

(3) **实验流行病学** 实验流行病学是将人群随机分成实验组和对照组，将研究者所控制的措施作用于实验对象后，随访两组人群的结果以判断干预措施效果的研究方法。实验流行病学与前两者的区别在于其必须要有干预措施。其基本特点为：①是前瞻性研究，必须从一个确定的起点开始跟踪；②必须有平行的实验组和对照组，两组的每个成员必须来自同一总体的抽样人群并且随机分配到两组中；③必须施加一种或多种干预措施。

(4) **分子流行病学** 分子流行病学是阐明人群和医学相关的生物群体中生物标志物的分布及其与疾病或健康的关系和影响因素并研究防治疾病的科学。其基本特点为：①分子流行病学应用群体调查研究方法，解决疾病或健康相关生物标志的分布及有关原因及影响；②研究对象是人群和与健康相关的生物群体；③研究内容是生物标志物的分布及影响因素。

2012年，研究人员在南非采集水牛血样，以确定当地流行病与环境污染的关系（见图2.12）。

2.3.2 环境毒理学

环境毒理学是研究环境污染物，特别是化学污染物对生物有机体，尤其是对人体的影响及其作用机理的科学。在探讨环境与健康的关系时，人们常常需要了解污染物在人体内的吸收、分布、转化和排泄特征，污染物的毒性大小，污染物的靶器官和靶组织，污染物毒性作用的基本特征和机理，污染物的特殊毒性作用如致突变、致癌和致畸性，环境污染物对健康影响的早期指标和生物标记物，环境化学物质的安全性评价方法等。通过环境毒理学实验可以判明毒物的毒性大小，求出各项毒性指标的剂量效应关系和临界浓度。环境毒理学的研究方法主要包括动物实验和志愿者人体实验。

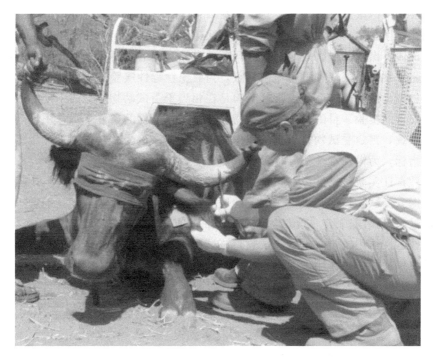

图 2.12　2012 年，研究人员在南非采集水牛血样，以确定当地流行病与环境污染的关系

环境中的化学物质对机体的毒性作用与接触的浓度和时间有关。为了判断该物质在不同浓度和接触时间内引起机体的生理、生化上的变化，对细胞、亚细胞及分子水平的不同效应往往需要进行动物实验。动物实验可分为急性毒性实验、亚急性毒性实验和慢性毒性实验。对于具有特殊效应的环境毒物还需进行致畸、致突变、致癌实验，用以观察长期的危害作用。用于实验的动物一般具有易获得、经济、便于饲养、繁殖能力强、发育周期短且易控制的特点。大鼠、小白鼠、豚鼠、家兔、狗等哺乳动物最为常用，有时也会选用猴作为实验动

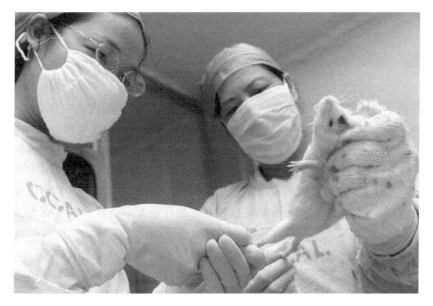

图 2.13　科学家常用小白鼠进行毒理学实验

物。科学家常用小白鼠进行毒理学实验（见图 2.13）。

（1）急性毒性实验　急性毒性实验是指一次染毒或在 24 小时内多次染毒，考察受试动物短时间内机体所出现的损害效应的实验。急性毒性实验的主要目的是鉴定受试动物对急性毒性的响应，观察中毒表现和毒害作用特点，为亚急性毒性实验和慢性毒性实验提供依据。

（2）亚急性毒性实验　亚急性毒性实验是在相当于受试动物寿命的十分之一左右的时间内多次重复染毒的实验。目的是阐明受试物在多次重复染毒的条件下毒作用特点，主要损害哪些器官和系统，判定受试物是否有蓄积作用，并探索在该受试物作用下最敏感的生理、生化及病理学指标，为慢性毒性实验提供依据。

（3）慢性毒性实验　慢性毒性实验是使受试动物生命大部分时间或终生接触受试物的实验。目的是探索受试物长期、慢性作用下的病理变化，确定慢性阈浓度（剂量）或最大无作用浓度（剂量）；后者是制定该受试物卫生标准的重要依据之一。

（4）特殊毒性作用试验　①致癌试验，该试验的目的是检查环境中的受试物或其代谢物是否具有诱发癌或肿瘤的作用。②致突变试验，致突变试验是检验受试外来化合物是否具有致突变作用，并确定其对机体遗传物质及遗传过程的影响。③致畸试验，目的在于确定受试物是否具有致畸作用，也能得到有关药物致胚胎死亡及生长迟缓的资料。图 2.14 所示为斑马鱼（zebrafish），这种鱼也是环境毒理学研究中常用的一种受试动物。

图 2.14　斑马鱼

环境流行病学与环境毒理学研究方法在环境与健康研究中相辅相成，互为补充。环境流行病学研究有许多优势，如研究结果不需要种属间的外推，研究对象可以包括所有的易感人群，可以研究实际环境暴露情况下的健康效应而不需要由高剂量向低剂量的外推，通过日常测定或常规工作就可以获得较为准确的暴露水平和健康效应资料等。此外，环境流行病学可研究不同的暴露模式和健康效应，尤其是当没有系统的动物模型或暴露条件而在实验室难以模拟时更为有用。

然而，由于人在遗传、社会、职业或心理上存在有很大的差异，在环境流行病学调查研究中不可能找到只是暴露条件不同而其他条件完全相同的两个人群，也难以控制暴露条件或将研究对象维持在某一特定的环境。相反，环境流行病学研究的上述限制都可以在严格控制的条件下，采用环境毒理学的方法来完善和补充。另外，在动物实验和体外试验的基础上，为加强对人体生物标记物的研究，人体毒理学近年来也得到了很大的发展。总之，环境流行病学与环境毒理学在内容和方法上也在不断相互交叉和融合。

思 考 题

1. 你都听说过哪些流行病，它们都是怎么传播的？
2. 你注射过哪些疫苗，它们都是预防什么疾病的？是否注射过疫苗就能确保对该疾病免疫了呢？
3. 你出现过过敏反应吗，是否了解自己对什么过敏？
4. 什么是剂量-效应关系？
5. 哪些是敏感人群，该如何保护他们？
6. 毒理学中的多种毒物的协同作用和拮抗作用是什么意思？

3 空　气

2014年1月，由《健康时报》发起评选的"2013年度中国十大健康新闻"中，"雾霾引发国人健康忧虑"高居榜首。自2013年1月起，我国中东部地区厚重的雾霾持续多日挥之不去，74个重点监测城市近半数严重污染。2014年2月，同样的雾霾天气在华北地区持续数日，天津、石家庄等城市不得不启动紧急预案，对机动车实施限行，以缓解雾霾。图3.1所示为北京首都国际机场，雾霾中等待起飞的飞机。

图3.1　2014年2月26日，北京首都国际机场，雾霾中等待起飞的飞机

3.1　谁弄脏了我们的空气

自然界中洁净的大气成分比较简单，主要由78%氮气、21%氧气、0.93%氩气等稀有气体以及少量二氧化碳、水蒸气和其他微量气体组成。当大气中的某些气体或颗粒物异常增多，或者出现新的气体成分时，就可能形成大气污染。

3.1.1　什么是大气污染

根据国际标准化组织（ISO）的定义，大气污染（air pollution）是指人类活动和自然过程引起某些物质进入大气中，呈现出一定的浓度和持续足够的时间，并因此而危害人体的舒适、健康和福利或危害环境的现象。

工业革命以前，大气中污染物质的浓度较低，没有超过环境容量，因此未对大气环境造成破坏。但是，工业革命以后，由于大量化石燃料的使用，以及无数化学合成物的生产，人类排放的有害物质逐年增多，其浓度超过了大气的自净能力，导致大气环境质量严重恶化，并危害到人体健康。大气污染还引发了全球性的环境问题，包括空气污染物跨区域迁移、臭氧层破坏、全球气候变化等，这些问题又进而威胁到整个地球的生态系统。

大气污染物是指由于人类活动或自然过程排入大气并对环境产生有害影响的物质。按照大气污染物的存在状态，可将其分为气溶胶态污染物和气态污染物。气溶胶态污染物指由悬浮于气态介质中的固体或液体粒子所组成的空气分散系统，按其物理性质又可分为粉尘、烟和雾。气态污染物是指在常温、常压下以气态分子状态存在的污染物。目前受到人们关注的有害气体主要有：硫氧化物（SO_x）、氮氧化物（NO_x）、碳氧化物（CO_x）、臭氧（O_3）、碳氢化合物（C_mH_n）和氟化物（如 HF）等。建筑施工造成了大量扬尘（见图 3.2）。该扬尘是造成城市大气污染的重要原因。

图 3.2 建筑施工造成了大量扬尘

按照污染物与污染源的关系，气态污染物又可分为一次污染物（primary pollutant）和二次污染物（secondary pollutant）。一次污染物是指从各种污染源直接排放到大气中的有害物质，进入大气后其化学性质没有发生变化。若一次污染物与大气中原有的某一种（或几种）成分，或几种一次污染物之间发生化学反应形成与原污染物性质不同的新污染物，则称生成的新污染物为二次污染物。表 3.1 给出了具体的一次污染物和二次污染物。

表 3.1 一次污染物和二次污染物

类别	一次污染物	二次污染物
含硫化合物	二氧化硫、硫化氢	三氧化硫、硫酸
含氮化合物	一氧化氮、氨气	二氧化氮、硝酸
碳氧化物	一氧化碳	无
碳氢化合物	$C_{1\sim 5}H_n$	醛、酮、过氧乙酰硝酸酯
含卤素化合物	氟化氢、氯化氢	无

3.1.2 哪里来的污染物

大气中的污染物来源广泛，主要包括燃料燃烧、工业生产、交通运输和其他人类活动。此外，有些自然过程也会带来一定量的大气污染物，这些自然过程主要有火山活动、森林火灾、海啸、土壤和岩石的风化及大气圈中空气运动等。一般来说，这些自然过程往往历时较短,或强度较弱,因此依靠大气环境的自净作用(包括稀释、扩散、迁移、降解、转化等过程),此类污染经过一定时间后会得以消除。但是,有的自然活动由于过于剧烈,造成的空气污染也会严重影响人类生活。

2009年3月起,美国阿拉斯加州南部的里道特火山(Redoubt Volcano)两次喷发(见图3.3),火山灰柱冲向空中,最高达1.5万米,火山灰向北飘至阿拉斯加山脉,迫使当地航空公司取消150多个航班,影响约1万名旅客出行。2010年3月至4月,位于冰岛南部的艾雅法拉火山(Eyjafjallajokull Volcano)接连两次喷发,释放出的大量气体、火山灰对航空、气候和人体健康均造成较大影响,并导致欧洲航空几乎瘫痪。

图3.3 2009年3月30日,美国阿拉斯加州南部的里道特火山喷发

3.1.2.1 燃料燃烧

火力发电厂、钢铁厂、炼焦厂等工矿企业的燃料燃烧,各种工业窑炉以及各种民用炉灶、取暖锅炉的燃料燃烧均向大气中排入大量污染物。燃烧排气中的污染物组分与能源消费结构有密切的关系。发达国家的能源结构是以石油为主,大气污染物主要为一氧化碳、二氧化硫、氮氧化物和有机化合物。发展中国家(如我国)的能源结构多是以煤炭为主,主要大气污染物是颗粒物和二氧化硫。

据报道,由于燃煤锅炉造成的污染,某地众小区的生存环境令人担忧。记者发现,该地的住宅楼及地面上都笼罩着一层黑色煤灰。记者蹲点一天,就被刺鼻的燃煤气味熏得头晕。人口密集的小区里不乏退休在家的老人及襁褓中的婴儿,他们长期生活在这种环境中,身体所遭受的危害可想而知。

某热力公司的燃煤锅炉与居民区仅一墙之隔(见图3.4)。烟尘严重影响附近居民的生活。燃煤锅炉的污染问题困扰着我国大多数城市,锅炉外迁和燃煤改燃气工程的实施势在必行。

3.1.2.2 工业生产

化工厂、石油炼制厂、钢铁厂、焦化厂、水泥厂等各种类型的工业企业,在原材料及产品的运输、粉碎以及由各种原料制成产品的过程中,都会有大量的污染物排入大气中,由于工艺、流程、原材料及操作管理条件和水平的不同,所排放污染物的种类、数量、组成、性

图 3.4 某热力公司的燃煤锅炉与居民区仅一墙之隔

质等差异很大。工业生产过程排放的污染物主要有粉尘、碳氢化合物、含硫化合物、含氮化合物以及卤素化合物等。

国际著名刊物《环境与健康展望》(Environmental Health Perspectives，EHP) 2013 年发表哈佛大学的一项研究显示，孕妇暴露在空气污染程度高的环境下，所生自闭症婴儿的概率显著大于住在低污染区孕妇。研究人员建议，孕妇应定期测量血液中金属和其他污染物含量，以便进一步了解特定污染物是否会增加产下自闭症婴儿的风险。

图 3.5 所示为环保组织成员为保护胎儿免受污染举行的宣传活动。

图 3.5 环保组织成员为保护胎儿免受污染举行的宣传活动（图中英文：让化学品远离我的子宫）

3.1.2.3 交通运输

各种机动车辆、飞机、轮船等交通工具都会向大气排放有害污染物。交通运输工具主要燃烧石油产品，其排放的污染物有碳氢化合物、一氧化碳、氮氧化物、含铅污染物、苯并[a]芘等。这些污染物中的一部分在阳光照射下，会发生光化学反应，生成光化学烟雾（臭氧等多种有害气体的混合物），因此交通运输工具的排放也是二次污染物的主要来源之一。

20世纪50年代以来，随着汽车数量的迅速增加，汽车尾气排放逐渐成为城市大气污染的重要来源之一。一些大城市的大气污染已逐渐由煤烟污染型转向汽车尾气污染型，或成为具有二者综合特征的混合污染型。据统计，美国的空气污染约有60%为交通运输工具所导致，在日本有大约85%的空气污染是由汽车导致的。

3.1.2.4 农业生产

农业生产过程对大气的污染主要来自农药和化肥的使用。有些有机氯农药如DDT（双对氯苯基三氯乙烷），施用后能够悬浮在水面上，进而同水分子一起蒸发而进入大气。氮肥在施用后，一部分可直接从土壤表面挥发进入大气，还有一部分在土壤微生物作用下可转化为氮氧化物进入大气。此外，水稻田释放的甲烷（CH_4）是一种温室气体，会对全球气候变化产生影响。图3.6示出了农药在环境中的各种迁移途径。

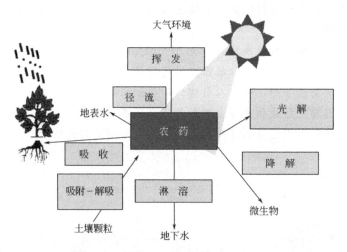

图3.6 农药在环境中的各种迁移途径

3.1.2.5 其他活动

地面尘土、垃圾被风吹起后，都可能将化学性污染物（如铅、农药等）和生物性污染物（如结核杆菌、粪链球菌等）带入大气。沥青路面也可由于车辆频繁摩擦而扬起多环芳烃、石棉等有害物质。水体和土壤中的挥发性化合物（如挥发酚、氢氰酸、硫化氢等）也很容易进入大气，危害人体健康。

某些意外事故如工厂爆炸、火灾、战争等都会严重污染大气。虽然此类情况发生的概率低，但由于其强度很大，一旦发生，造成的危害往往很严重。例如2006年10月，印度尼西亚的加里曼丹和苏门答腊等地发生了大面积的森林火灾。大火造成的烟雾致使大批航班延误，许多人患了呼吸道疾病，一些小学生连续两周都戴着口罩上学，以避免受到空气污染的危害。

2013年3月20日，苏州工业园区一工厂突发火灾，浓烟使半个城市的天空陷入昏暗（见图3.7）。2013年9月4日，江苏省无锡市某公司封装工厂发生大火，浓烟绵延数十公里天空,连续几天整个无锡城区几乎都是"抬头见烟雾"。

图 3.7　苏州工业园区的一场大火引发的浓烟

3.2　大气污染物的危害

世界卫生组织（WHO）和联合国环境规划署（UNEP）发表的一份报告指出:"空气污染已成为全世界城市居民生活中一个无法逃避的现实。"工业文明和城市的发展,在为人类创造巨大财富的同时,也把数十亿吨计的废气和废物排入大气之中,使人类赖以生存的大气圈变成了空中垃圾站和毒气库。

3.2.1　气溶胶污染物

气溶胶污染物是空气中悬浮的对大气有污染的固态或液态颗粒的总称。在气溶胶污染物中,粒径大于 10 微米的,由于本身的重力作用,能够迅速沉降至地面,称为降尘。粒径小于 10 微米的,能在大气中长期飘浮,称为飘尘。

在我国的环境空气质量标准中,根据颗粒的大小,将气溶胶污染物分为总悬浮物和可吸入颗粒物。悬浮在空气中,空气动力学直径小于 100 微米的颗粒物称为总悬浮颗粒物（TSP）。悬浮在空气中,空气动力学直径小于 10 微米的颗粒物称为可吸入颗粒物（PM_{10}）,空气动力学直径小于 2.5 微米的颗粒物称为细颗粒物（$PM_{2.5}$）。

3.2.1.1　颗粒物的危害

大气中的颗粒物成分非常复杂,而且因地域不同有很大的差别,主要由各种无机盐类、有机物和微生物组成。无机盐类主要包括硫酸盐、硝酸盐等各种阴离子和重金属；有机物主要是各种饱和的和不饱和的烃类物质；微生物主要是各种细菌、病毒。

在工业、建筑等生产过程中,常产生高浓度的粉尘,其中包括大量可吸入颗粒物和细颗粒物。有毒金属粉尘（铬、锰、镉、铅、汞、砷等）和非金属粉尘进入人体后,会诱发严重的疾病,甚至导致中毒死亡。例如,吸入有毒的铬尘会引起心肺机能不全。有的粉尘虽然无毒,但如果沉积在肺部可能被溶解,并直接侵入血液造成血液中毒；未被溶解的污染物则有可能被细胞吸收，造成细胞破坏；如果污染物侵入肺组织或淋巴结可引起尘肺。例如，煤矿工人吸入煤灰形成煤肺，玻璃厂或石粉加工工人吸入硅酸盐粉尘形成硅肺，石棉厂工人多患有石棉肺等。随着近年来公众对职业健康的日益关注，工人的健康防护也得到越来越多的重视。图3.8所示为四川南充某工厂工人头戴防护面罩工作。

图3.8　2013年11月，四川南充某工厂工人头戴防护面罩工作

与较粗的大气颗粒物相比，较小的颗粒物粒径小，比表面积大，颗粒表面携带的污染物相对较多，有的还含有有毒、有害物质。由于此类颗粒物在大气中的停留时间长、输送距离远，因而对大气环境质量和人体健康的影响更大。通常，颗粒物的直径越小，进入呼吸道的部位越深。直径为10微米以下的颗粒物通常沉积在上呼吸道，而2.5微米以下的可深入到细支气管和肺泡。细颗粒物进入人体到达肺泡后，会直接影响肺的通气功能，使机体容易处在缺氧状态。因此，$PM_{2.5}$比PM_{10}对人体的危害更大。

研究表明，$PM_{2.5}$会导致动脉斑块沉积，引发血管炎症和动脉粥样硬化，最终导致心脏病或其他心血管疾病。当空气中$PM_{2.5}$的浓度长期高于10微克每立方米，就会导致死亡风险的上升。浓度每增加10微克每立方米，总的死亡风险会上升4%，由于心肺疾病导致的死亡风险上升6%，肺癌导致的死亡风险上升8%。此外，$PM_{2.5}$极易吸附多环芳烃等有机污染物和重金属，使致癌、致畸、致突变的概率明显升高。图3.9为不同粒径颗粒物进入呼吸系统不同部位示意图。

媒体报道，2011年12月4日，美国驻华使馆发布的北京$PM_{2.5}$监测数据"爆表"。所谓"爆表"，是指空气质量指数（AQI）达到522，超出该污染物的阈值（500）。

2011年11月1日，环保部发布的《环境空气PM_{10}和$PM_{2.5}$的测定重量法》开始实施。这是我国首次对$PM_{2.5}$的测定进行规范，但在环保部进行的《环境空气质量标准》修订中，$PM_{2.5}$并未被纳入强制性监测指标。

2012年5月24日，环保部公布了《空气质量新标准第一阶段监测实施方案》，要求全国74个城市在10月底前完成$PM_{2.5}$"国控点"监测的试运行。2012年10月，新的《环境空气质量标准》颁布后，环保部明确提出了新标准实施的"三步走"计划。按照计划，2012

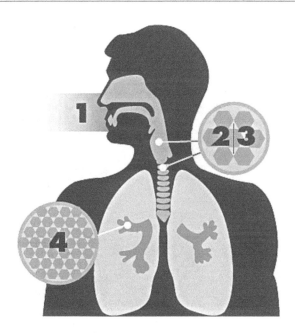

图 3.9 不同粒径颗粒物进入呼吸系统不同部位示意图

1—颗粒物会通过鼻和咽喉进入呼吸道;2,3—PM_{10}可进入上呼吸道,其中相当一部分能够通过咳嗽、喷嚏或吞咽动作清除;4—$PM_{2.5}$可以进入肺泡,导致肺和心脏问题,还会将吸附于颗粒上的化学物质带入血液

年年底前,京津冀、长三角、珠三角等重点区域以及直辖市、计划单列市和省会城市要按新标准开展监测并发布数据。截至 2012 年年底,全国已有 195 个站点完成 $PM_{2.5}$ 仪器安装调试并试运行,有 138 个站点开始正式 $PM_{2.5}$ 监测并发布数据。

2013 年 2 月,全国科学技术名词审定委员会将 $PM_{2.5}$ 的中文名称命名为细颗粒物。2013 年 10 月 22 日,新修订的《北京市空气重污染应急预案(试行)》正式发布。该《预案》规定,空气重污染预警分四级,其中最高级别预警为红色一级预警。

3.2.1.2 日常生活的应对措施

(1) 雾霾天少开窗,少出门 雾霾天气不主张早晚开窗通风,最好等雾霾散去再开窗。对于患有呼吸道疾病和心血管疾病的老人,雾霾天最好不出门,更不宜晨练,否则可能会加重病情,甚至引发心脏病,危及生命。专家指出,之所以说雾霾天是心血管疾病患者的"危险天",是因为起雾时气压低,空气中的含氧量有所降低,人们很容易感到胸闷,早晨潮湿寒冷的雾气还会造成冷刺激,很容易导致食管痉挛、血压波动、心脏负荷加重等。在雾霾天进行户外运动须谨慎,特别是要避免过于激烈的运动(见图 3.10)。

(2) 外出戴防尘口罩 目前,市场上的口罩种类很多,受关注比较多的主要有一般纱布口罩、医用一次性口罩和 N95 型口罩。一般纱布口罩对 $PM_{2.5}$ 的过滤效率最低(据报道不超过 20%);其次为医用一次性口罩(过滤效率超过 80%);N95 型口罩过滤效率可达 99%。由于 N95 型口罩孔隙过于致密,一般被用作特殊工作的专业口罩,普通人如果佩戴,容易出现呼吸困难的问题。综合来看,医用一次性口罩既能够过滤掉大部分 $PM_{2.5}$,又不至于妨碍正常呼吸,因此是一个不错的选择。此外,在佩戴口罩时要尽量使其与面部贴合,不留空隙。外出归来,应尽快清洗面部及其他部位的裸露肌肤。

N95 型口罩,是 NIOSH(美国国家职业安全卫生研究所)认证的 9 种防颗粒物口罩中

图 3.10 在雾霾天进行户外运动须谨慎,特别是要避免过于激烈的运动

的一种。"N"的意思是不适合油性的颗粒;"95"是指在 NIOSH 标准规定的检测条件下,过滤效率达到 95%。即用 0.3 微米氯化钠颗粒对 N95 口罩进行测试,阻隔率须达 95% 以上,并经戴用者脸庞紧密度测试时,确保在密贴脸部边缘状况下,空气能透过口罩进出。N95 型防尘口罩是专业口罩,虽然防尘效果好,但容易造成呼吸困难(见图 3.11)。

图 3.11 N95 型防尘口罩是专业口罩,虽然防尘效果好,但容易造成呼吸困难

3.2.2 二氧化硫

硫的氧化物主要有二氧化硫(SO_2)和三氧化硫(SO_3)。二氧化硫是目前数量较大、影响面较广的一种气态污染物。二氧化硫的主要来源为煤和石油等燃料的燃烧。燃烧过程中硫先被氧化生成二氧化硫,其中约有 5% 在空气中又被氧化为三氧化硫,三氧化硫与大气中的

水雾结合在一起便形成硫酸烟雾,因而对人、各类生物以及建筑物的危害更大。

二氧化硫年平均浓度为 $0.03\mu L/L$(体积分数为百万分之一)时,会抑制植物的生长;浓度为 $0.05\mu L/L$ 时,会损伤人的呼吸器官;浓度为 $0.12\mu L/L$ 时,会引起结构材料的腐蚀。二氧化硫容易溶解在血液和体液中,当人吸入含有一定浓度的二氧化硫的空气时,上呼吸道会受到强烈刺激。

通常在被污染的大气中,二氧化硫与多种污染物共存。吸入含有多种污染物的大气对人体产生的危害往往比它们各自作用之和大得多,特别是在二氧化硫与颗粒物同时吸入时,对人体产生的危害更为严重。这是因为飘尘气溶胶粒子把二氧化硫带入呼吸道和肺泡中,其毒性可增大 3~4 倍。若飘尘为重金属粒子,其催化作用可使二氧化硫氧化为硫酸雾,其刺激作用比单独二氧化硫的刺激作用增强 10 倍。受到空气中高浓度二氧化硫伤害的植物叶片如图 3.12 所示。

图 3.12 受到空气中高浓度二氧化硫伤害的植物叶片

3.2.3　氮氧化物

氮氧化物的种类很多,它是氧化二氮(N_2O)、一氧化氮(NO)、二氧化氮(NO_2)、三氧化二氮(N_2O_3)、四氧化二氮(N_2O_4)和五氧化二氮(N_2O_5)等含氮物质的总称,在大气污染物中主要指一氧化氮和二氧化氮。一氧化氮是无色无味气体,它结合血红蛋白的能力比一氧化碳还强,更容易造成人体缺氧。一氧化氮不稳定,在空气中很快转变为二氧化氮。二氧化氮是棕红色气体,具有刺激性气味,主要损害呼吸道,可对肺组织产生强烈的刺激作用和腐蚀作用。吸入二氧化氮初期会有轻微的眼及上呼吸道刺激症状,如咽部不适、干咳等,长时间吸入则会引起迟发性肺水肿和成人呼吸窘迫综合征。

氮氧化物主要来源于化石燃料的燃烧以及各类交通工具内燃机的尾气排放。例如,从很多工厂烟囱排出来的被称为"黄龙"的棕色气体,往往是以氮氧化物为主的污染物。一氧化氮本身毒性不大,但容易与血液中血红蛋白结合形成亚硝基血红蛋白(HbNO),从而导致人体缺氧。一氧化氮很容易被氧化成剧毒的二氧化氮,其毒性比一氧化氮高4～5倍,且会对人体的呼吸系统造成损伤。当二氧化氮浓度为 $0.12\mu L/L$ 时,人会感觉到特殊的刺激性气味;当二氧化氮浓度为 $16.9\mu L/L$ 且作用10分钟,会增加呼吸道阻力并刺激眼睛;当二氧化氮浓度为 $150\mu L/L$ 时,甚至可能引发致命的肺气肿。当二氧化氮与其他污染物(如二氧化硫或悬浮颗粒物)共存时,它们的协同作用对人体的毒性更大。机动车低速行驶状态下尾气中污染物排放大幅增加(见图3.13)。尾气中的氮氧化物对人体的危害极大。

图3.13 机动车低速行驶状态下尾气中污染物排放大幅增加

3.2.4 一氧化碳

一氧化碳(CO)是各种大气污染物中产生量最大的一类污染物。一氧化碳是无色无味的窒息性气体,它与血红蛋白的结合能力比氧大200倍,空气中存在0.1%的一氧化碳就能阻止人体内50%的血红蛋白与氧结合。各类含碳化合物的不完全燃烧会产生一氧化碳,我国居民普遍使用的小炉灶和工业用炉窑等都是一氧化碳的重要排放源。在城市中,由于交通拥堵导致的燃油燃烧不充分,机动车尾气排放的一氧化碳占很大比例。

近年来,一氧化碳中毒事故频发,主要有工业安全生产事故、室内火炉排烟不畅、燃气热水器使用不当等。一氧化碳中毒的临床表现主要为缺氧。轻者会头痛、无力、眩晕、劳动时呼吸困难。如果症状加重,患者会出现口唇呈樱桃红色,恶心、呕吐、意识模糊、虚脱或昏迷。更严重者呈深度昏迷,伴有高热、四肢肌张力增强和阵发性或强直性痉挛。长期接触低浓度一氧化碳,可能会有头痛、眩晕、记忆力减退、注意力不集中、心悸等症状。

生活中要避免一氧化碳中毒需要注意以下几点:室内用煤火时应有安全设置(如烟囱、小通气窗、风斗等);避免使用直排式热水器和烟道式热水器,安装、维修热水器最好请专业人士完成;在可能产生一氧化碳的地方安装一氧化碳警报器;避免在停车时长时间使用空调,或在车窗紧闭的情况下长时间让汽车发动机处于工作状态;了解煤气中毒可能发生的症状和急救常识。

新华网 2014 年 1 月报道，2011 年初，某女子在男友家冲凉时，因煤气中毒晕倒，而后不幸成为植物人。索赔无门情况下，其父母将昔日的准亲家，连同热水器厂商一起告上法庭。经审理，广州中院作出终审判决，因该女子的男友家没有正确安装热水器排烟道，才导致事故的发生，应负主要责任，厂家承担连带责任，判两被告赔偿 160 万元。燃气热水器和火炉使用不当易导致一氧化碳中毒（见图 3.14）。

图 3.14　燃气热水器和火炉使用不当易导致一氧化碳中毒

3.2.5　臭氧

臭氧（O_3）分子是由三个氧原子结合在一起形成的，稳定性极差，具有很高的活性，常被用作漂白剂、除臭剂以及空气和饮用水的灭菌剂。臭氧主要存在于大气平流层和近地面。距离地球表面 10～50 千米的大气平流层中含有大量臭氧，它们会吸收对人体有害的短波紫外线，并使地球上的生物免受过多紫外线的伤害，因此被称为"地球上生物的保护伞"。另一部分臭氧存在于我们生活着的地表附近，其浓度与人类活动密切相关，如果浓度过高，将会危害到人体健康。

臭氧几乎能与任何生物组织反应，对呼吸道的破坏性很强。臭氧会刺激和损害鼻黏膜和呼吸道，使呼吸道上皮细胞脂质在过氧化过程中产生的花生四烯酸增多，进而引起上呼吸道的炎症。臭氧的这种刺激，轻则引发胸闷咳嗽、咽喉肿痛，重则引发哮喘，导致上呼吸道疾病恶化，还可能导致肺功能减弱、肺气肿和肺组织损伤，而且这些损伤往往是不可修复的。

臭氧会刺激眼睛，使视觉敏感度和视力降低。臭氧也会破坏皮肤中的维生素 E，让皮肤长皱纹、黑斑。当臭氧浓度在 200 微克每立方米以上时，会损害中枢神经系统，使人感觉头痛、胸痛、思维能力下降。此外，臭氧会阻碍血液输氧功能，造成组织缺氧；使甲状腺功能受损、骨骼钙化。如果孕妇在怀孕期间接触臭氧，出生的宝宝可能会先天睑裂狭小（也叫先天性小眼症，一般是怀孕三个月时胎儿眼球发育不良所致）。

"通过多年综合治理，太原市的环境空气质量有了很大改善，但半道杀出的臭氧给我们增添了新麻烦。"太原市环保局局长说。进入 5 月份后，太原空气质量首要污染物由 $PM_{2.5}$ 等颗粒物转变为臭氧。中科院大气物理研究所研究员王跃思认为，臭氧污染已经成为困扰全国的新课题。但是，很多人对臭氧的认识还存在误区，只知道臭氧是一种保护地球生物免受紫外线侵害的物质。图 3.15 示出了城市空气中臭氧的形成原理，即机动车和工厂排放出的氮氧化物和挥发性有机物遇到热和光后容易生成臭氧。

图 3.15 城市空气中臭氧的形成原理

令人欣慰的是，中国 2012 年新修订的《环境空气质量标准》首次增加了臭氧 8 小时浓度限制值监测指标，与欧洲标准相当。臭氧污染已引起中国各级政府及环保部门的重视。国务院近日出台的《大气污染防治行动计划》明确提出，要"加强灰霾、臭氧的形成机理、来源解析、迁移规律和监测预警等研究，为污染治理提供科学支撑。"

3.3 室内空气污染

有报道称，室内空气污染是继"煤烟污染"和"光化学污染"之后的全球第三大污染重点。世界卫生组织已经将室内烟尘与高血压、胆固醇过高症及肥胖症等共同列为人类健康的十大威胁。由于人们长期生活在室内，因此人们受到的空气污染相当一部分来源于室内。

据调查，随着现代建筑物密闭化程度的增加，世界上 30% 的建筑物中存在有害健康的室内空气，受污染的室内空气中存在 30 余种致癌物。除了通常占据一半以上比例的室外来源，室内空气中的污染物来源包括室内装修、燃煤取暖、烟草烟雾、烹调油烟、植物花粉以及室内人为活动等。

3.3.1 居室装修污染

在装修过程中，有些材料会释放挥发性的污染气体，对人体健康造成一定的危害。除装修外，有些房屋在建造过程中由于使用或添加了特定的材料，也会释放污染物。

(1) 苯系物　在室内装修中，大量的苯、甲苯、二甲苯等苯系物被用作油漆、涂料中的稀释剂和黏合剂，这些挥发性苯系物很容易释放到空气中，对人的中枢神经系统及血液系统产生毒害作用。长期吸入此类气体，会引起头痛、头晕、失眠及记忆力衰退并导致血液系统疾病。如果接触到高浓度苯系物还会使人昏迷，甚至死亡。

(2) 甲醛　在室内装修和各类家具制作过程中，黏结剂是必不可少的。绝大多数黏结剂中含有的有害物质——游离甲醛，在装修后和家具使用过程中就会被逐渐释放出来。甲醛是一种原生性毒物，被国际医学界认为是一种可疑致癌物。轻度的甲醛污染，会让人感觉不适、流泪，重度的则会导致呼吸系统疾病和癌症。令人担忧的是，不少游离甲醛深藏在家具内部，其挥发期甚至长达数十年。

(3) 氨气　氨气污染主要来自建筑施工中使用的混凝土添加剂，这种添加剂主要有两种：一种是在冬季施工过程中，在混凝土墙体中加入的混凝土防冻剂；另一种是为了提高混凝土的凝固速度，使用的高碱混凝土膨胀剂和早强剂（用于提高混凝土早期强度的物质）。北方地区近几年大量使用了高碱混凝土膨胀剂和含尿素的混凝土防冻剂，这些含有大量氨类物质的外加剂在墙体内随着温度、湿度等环境因素的变化被还原成氨气从墙体中缓慢释放出来，导致室内空气中氨的浓度不断增高。氨气是一种无色却具有强烈的刺激性气味的气体，常附着在皮肤黏膜和眼结膜上，从而产生刺激和炎症，削弱人体对疾病的抵抗力，并可引起流泪、咽痛、呼吸困难及头晕、头痛、呕吐等症状。

（4）氡　氡是一种放射性气体，新居中的氡主要来自建筑砌块、装修用的天然石材（如大理石）、瓷砖和沙石水泥等。当人体吸入氡后，衰变产生的氡子体呈微粒状，进入呼吸系统后会堆积在肺部，累积到一定程度后，这些微粒会损坏肺泡，进而导致肺癌。

"自己家里新装修了房子，要晾好几个月。幼儿园能做到这一点吗？孩子每天要在刚装修过的教室待 6 个小时以上，真让人担心。"暑假，很多幼儿园进行了整体装修（见图 3.16），这让家长们很担忧。专家建议，幼儿园等在装修后应先对园中房间内空气进行检测。如果空气质量不达标，应推迟开学时间，或者更换未装修的房间供儿童学习。

图 3.16　2013 年夏，某大型幼儿园，装修工人正在粉刷顶棚

3.3.2　车内空气污染

车内空气污染指汽车内部由于不通风、车体装修等原因造成的空气质量较差的现象。安装在车内的塑料件、地毯、车顶毡等如果没有严格按照环保要求加工，会释放出大量甲醛、二甲苯、苯等有毒物；如果车主再安装劣质地胶、座套等，会进一步加重污染。我国家庭汽车的旺盛需求使很多汽车下了生产线就直接进入市场，有害气体来不及释放，乘员受到有害气体的伤害几乎不可避免。此外，由于汽车空间窄小，密封性好，空气流通不畅，再加上车内乘客间的交叉污染严重，使得汽车内空气污染比一般居室内的污染更严重。

2012年9月媒体披露的一份"健康汽车检测报告"将车内空气质量问题推到了风口浪尖。此次检测选取了市场上在售的32个品牌44款车型作为检测对象，主要检测汽车内与人体接触的汽车座椅、头枕、方向盘等内饰中的多环芳烃含量。报告显示，11款主流车型内饰中的多环芳烃（一类化合物，简称PAHs，很多有致癌性）含量超标，很多知名企业榜上有名。

2012年9月中旬，300名车主集体投诉某汽车甲醛超标4倍（见图3.17）。很多新车都存在挥发性有机物超标问题，在购买新车后应多开窗通风，以便污染物排出。

图 3.17　2012年9月中旬，300名车主集体投诉某汽车甲醛超标4倍

3.3.3　办公室的污染

据报道，某些长期在大型建筑物中办公的人，偶尔会出现一些非特异性症状，有的表现为眼、鼻、咽喉干燥、刺激，有的出现全身无力、疲劳、不适、神经性头痛、记忆力减退等症状。由于这些症状大都与建筑物或写字楼有关，世界卫生组织将此种现象称为建筑物病态综合征（sick building syndrome），也可以称为"办公室综合征"。

在这些大厦里，空调被普遍使用，这就要求建筑结构有良好的密封性能，因此自然通风不足成为室内空气质量变坏的关键因素之一。同时，现代办公设施如复印机、打印机、电脑、传真机等的应用，带来了臭氧、辐射与电子雾等污染。长期工作和生活在该种环境下，员工的身体健康难免会受到影响。因此，经常走出大厦，呼吸新鲜空气，可以有效缓解此类症状。

图3.18所示为布满打印机和复印机的办公室。在这样的环境下，良好的通风有助于减轻臭氧等有害气体对人体的危害。

3.3.4　二手烟的危害

目前，吸烟已成为肺癌发病的首要原因。据统计，患肺癌的病人有87%跟吸烟相关，21%的冠心病人曾吸烟，全身的各个器官的肿瘤有31%跟吸烟相关，而肺部的慢性疾病加重更是有82%与吸烟相关。《2010年全球成人烟草调查》显示，2/3以上的中国人不了解二手烟的危害，90%的肺癌、70%的慢阻肺、25%的心脏病都是由吸烟或者吸二手烟引起的。

图 3.18 布满打印机和复印机的办公室

从临床上来看，抽烟的人患肝癌、肺癌、心脑血管等疾病的概率远远大于非吸烟者，一些烟民的家人因为饱受二手烟危害而患病。

香烟燃烧时释放数十种有毒化学物质，其中的有害成分主要有焦油、一氧化碳、尼古丁、二噁英和刺激性烟雾等。这些有害成分会严重危害人的呼吸系统。其中焦油对口腔、喉部、气管、肺部均有损害。焦油沉积在肺部绒毛上，会破坏绒毛的功能，使痰量增加，支气管发生慢性病变，诱发气管炎、肺气肿、肺源性心脏病、肺癌等。香烟中的一氧化碳会使血液中的氧气含量减少，造成高血压等疾病。吸烟还会使冠状动脉血管收缩，使供血量减少或阻塞血管，造成心肌梗死。吸烟还可使肾上腺素增加，引起心跳加快，心脏负荷加重，影响血液循环进而导致心脑血管疾病、糖尿病、猝死综合征、呼吸功能下降、中风等 20 多种疾病。

据有关资料，不吸烟者如果长期生活在吸烟环境中，疾病死亡率会增加 20%～30%；被动吸烟环境中的儿童呼吸道感染和慢性肺病的患病率比无烟环境中的儿童高 34%；孕妇被动吸烟会导致流产、早产、婴儿斜视、失明、智力障碍等，其新生婴儿患猝死综合征的概率会增大一倍；如果父母都吸烟，学龄前儿童患哮喘、支气管炎、慢性咳嗽的可能性会增大 60%。二手烟的危害不容忽视，许多妇女和儿童成为了被动吸烟者，在不知不觉中就吸入了有害物质。图 3.19 所示为被动吸烟的妇女和儿童。

3.3.5 其他居家污染

人们在燃烧煤炭或进行烹饪的过程中，会产生二氧化硫、二氧化氮和一氧化碳、油烟、多环芳烃等有毒有害气体，危害人体健康，特别是家庭主妇及儿童；一些不合标准的摩丝、发胶类美发用品和空气清新剂、清洁剂、杀虫剂等产生的有毒有害化学气体，以及霉菌、螨虫、尘埃、细小纤维等，也会导致室内空气污染的加重；塑料、石棉制品等材料中对人有害的各种助剂也会慢慢释放到空气中。

据报道，某地是国内肺癌死亡率最高的地区之一。研究发现，该地多数家庭通过烧煤来

图 3.19 被动吸烟的妇女和儿童

取暖、做饭，燃烟煤农户室内空气中苯并[a]芘（强致癌物质）浓度超过其建议卫生标准 6000 多倍。另有最新的研究发现，在该地的一些地区使用的煤的硅石（一种可疑致癌物）含量是美国燃煤的 10 倍以上，因此认为硅石与多环芳烃的联合作用增强了致癌性。

在中国的很多农村地区，敞开式煤炉仍在使用（见图 3.20）。这种煤炉是造成农家室内空气污染的主要原因。

图 3.20 在中国的很多农村地区，敞开式煤炉仍在使用

思 考 题

1. 你所在的城市空气质量如何，空气中的污染物主要来自什么？

2. 什么是"雾霾","雾霾"与空气污染有什么关系?
3. 为什么说 $PM_{2.5}$(细颗粒物)的危害大于 PM_{10}(可吸入颗粒物)?
4. 空气污染指数(API)与空气质量指数(AQI)有什么差别?
5. 你是否正面临着室内空气污染问题,如何解决?
6. 吸烟有哪些危害,你是否时常遭受"二手烟"的伤害。
7. 为减少吸入空气中的有害物质,在空气质量为重污染时应该佩戴哪种口罩?
8. 日常生活中一氧化碳中毒的风险主要来自哪些活动,如何预防?

4 土壤和农业

2013年3月,《南方日报》一则有关大米镉超标的报道让人们知道了"镉大米"的存在。在广州市食品药品监督管理局公布的多个批次的镉超标大米厂商中,南方的个别省份成为"重灾区"。图4.1所示为镉超标的毒大米。"镉大米"事件的曝光,凸显我国土壤污染问题。

图4.1 镉超标的毒大米

随着工业化、城市化和农业机械化的快速发展,人们对农业资源高强度的开发利用使大量未经处理的污水和固体废物向农田转移。农药的大量使用和残留,加上农业区工厂的非法排放与矿山的无序开发,造成我国大面积农田土壤发生了严重的污染。据不完全统计,目前我国受污染的耕地约有1.5亿亩(1亩约为667平方米),约占全国耕地总面积的1/10。土壤污染问题在我国由来已久,但是一直未得到充分的重视。近些年来"镉大米"等污染事件的曝光,才使土壤污染问题得到广泛的关注。

4.1 土壤和土壤污染

土壤(soil)是指地球陆地表面的一层具有肥力、能生长植物的疏松物质。它是自然环境的要素之一,是生态系统的基石。土壤由疏松的土壤微粒组成,在这些微粒的孔隙中含有溶液和空气。土壤的基本成分包括矿物质、有机质和水分。根据土壤来源以及形成时间、气候、地质变化和土壤生物的不同,通常将土壤划分为富含腐殖质的黑土、一般性的黄土与富含氧化铁的红土。土壤污染是指由于人类活动产生的污染物质通过各种途径进入土壤,其数量超过土壤本身的自净能力，导致土壤质量下降，从而影响土壤动物、植物、微生物的生长发育及农副产品的产量和质量的现象。

土壤污染具有隐蔽性、潜伏性和长期性，污染物能够通过食物链进入动物和人体，并在体内富集；土壤污染具有累积性，污染物质在土壤中不容易迁移、扩散和稀释，因此容易在土壤中不断积累而最终达到有害浓度；土壤污染还具有不可逆转性，如重金属和许多有机化学物质的污染，积累在污染土壤中的难降解污染物很难靠稀释作用和自净作用来消除。治理土壤污染通常成本较高，治理周期较长，这也是制约土壤污染治理的主要瓶颈。

4.2 土壤污染类型

4.2.1 工业和生活污染

工业污染是指在工业生产过程中将各种废水、废渣、粉尘及其他废物排入土壤的过程。工业污染最严重的当属重金属和有毒有害物对土壤的污染，这些物质不仅难去除，而且对植物危害大，易在作物体内累积，进而可能间接地危害人类健康。还有一些工业企业因搬迁或倒闭等原因，将原有的厂房或场地废弃，这些废弃的土地上往往遗留有大量污染物，无法直接作为农田使用，因此必须设法进行修复。

图4.2所示为废弃的化工厂遗留下的大片"毒"土地。

图4.2 废弃的化工厂遗留下的大片"毒"土地

随着我国城市化进程的加快和人民生活水平的不断提高，生活垃圾的数量也在大幅增加。在很多地方，由于监管不严，不少生活垃圾被直接丢弃于野外，导致很多土壤甚至农田都被占据和污染。生活垃圾中的塑料制品、橡胶制品、玻璃制品以及其他难降解的物质能在土壤中长期存在，从而破坏土壤结构，阻碍农作物生长。此外，生活垃圾中有些成分含有有害物质，例如电池，在降解过程中重金属会污染土壤。生活垃圾中还含有较多的病原微生物，很容易进入土壤和地下水，对人体健康构成威胁。此外，我国大多数生活垃圾是进行填埋处理的，垃圾渗滤液侵蚀和污染土壤的现象也经常出现。除了垃圾污染外，生活污水也常以各种途径进入农田，其中以污水灌溉引发的问题最为严重。图4.3所示为随意堆放的生活垃圾侵占并污染了大量的农田。

图 4.3　随意堆放的生活垃圾侵占并污染了大量的农田

4.2.2　农业污染

农业污染是指在农业生产和农村居民生活中产生的、未经合理处置的污染物对土壤及农产品造成的污染。农药、化肥的使用是造成土壤化学污染的重要原因，污水灌溉也是土壤重金属、微生物等污染物的重要来源。

4.2.2.1　农药、化肥污染

现代农业生产对产量的要求很高，因而离不开农药和化肥。长期过量地施用化学肥料，会导致土壤酸化。未被植物及时利用的氮肥，若以不能被土壤胶体吸附的硝酸盐存在，就会在土壤水向下渗透时被转移到地下水而造成污染。此外，化肥中的硫酸盐和氯化物会改变土壤结构，造成土壤盐渍化，使得土壤板结，肥力降低；氟化物和各类重金属会在农作物体内富集，并通过食物链直接对人体健康造成危害。

有机农药是土壤中的主要有机污染物，主要包括有机氯农药、有机磷农药和有机氮农药等。农药在使用后在土壤中有着复杂的环境行为，通常以吸附-解吸、降解代谢、挥发、淋溶等方式进行迁移和转化。一部分难降解的农药会残留在土壤中，最终通过食物链进入人体。其中，有机氯农药很难自然降解，容易在土壤和作物中残留，会对生物界造成长久的危害。美国和其他西方国家早已禁止使用有机氯农药，我国也在1983年就禁止了有机氯农药的生产和使用。

越战期间，美军向越南丛林中喷洒了7600万升落叶型除草剂（简称"落叶剂"）2,4-D(2,4-二氯苯氧基乙酸)和2,4,5-T(2,4,5-三氯苯氧基乙酸)，这些除草剂中含有毒性很强的毒副产物，给当地人民造成了极大伤害。受害者普遍症状是体重减轻，肝脏受损，经常头痛，患皮肤病，手脚麻木，性功能减退等。更为严重的是，毒素改变了人体内的生育和遗传基因，新生儿出生缺陷率高达30%。

图 4.4 所示为森林被"落叶剂"摧毁前后的情景。

4.2.2.2　污水灌溉

污水和人畜粪便中含有较多的营养物质，有利于农作物的生长。但是，如果直接利用污

图 4.4　森林被"落叶剂"完全摧毁。左上图为森林毁坏前，
左下图和右图为被毁坏的森林

水会导致污水中含有的重金属元素、病毒、细菌、寄生虫等通过灌溉进入土壤和作物，或是附着于农产品表面，带来严重的卫生和健康问题。如今，不规范的污水灌溉已成为我国农村土壤污染与地下水水质恶化的主要原因之一。

随着中国北方干旱缺水矛盾日益突出，污水灌溉已成为解决农田水资源缺乏的手段。由于灌溉农田的污水大多没有经过处理，因而容易导致盐碱化加重、重金属积累，土壤质量恶化。据农业部进行的全国污灌区调查，在约 140 万公顷的污水灌区中，遭受重金属污染的土地面积占污水灌区面积的 64.8%，其中轻度污染的占 46.7%，中度污染的占 9.7%，严重污染的占 8.4%。

图 4.5　农民每年都要花费巨大精力清除残留的地膜

4.2.2.3 农用地膜污染

我国是农业大国，农用地膜的消费量居世界首位，而且地膜的使用量仍呈逐年递增的趋势，目前已达到 50 万吨/年，覆盖面积超过 2.2 亿亩。地膜所用材质为高分子化合物，其降解周期长，在降解过程中还会释放有毒物质。残留的地膜若得不到及时回收，会破坏土壤结构，降低土壤的肥力，并阻碍作物根系对水肥的吸收和自身的生长发育。甚至引起地下水难以下渗和土壤次生盐碱化，最终导致土壤质量和作物产量的下降。

地膜覆盖技术在给农业带来了巨大效益的同时，也造成了严重的土壤污染。在某地常年种植棉花的耕层中，地膜平均残留量已达 17.91 千克/亩，是全国平均水平的 4~5 倍。农民每年都要花费巨大精力清除残留的地膜（见图 4.5）。

4.3 土壤自净

土壤是一个半稳定状态的复杂体系，对外界环境条件的变化和外来物质有很强的缓冲能力。一些污染物进入土壤后经生物和化学降解变为无害物质，或通过化学沉淀、络合-螯合、氧化还原作用变为不溶态化合物，或被土壤胶体牢固地吸附使得植物难以利用而暂时退出生物小循环，从而脱离食物链或排出土壤，这些过程被称为土壤自净。土壤的自净能力决定于土壤的物质组成及其特性，也与污染物的性质有关。土壤自净是极其复杂的过程，按其作用原理可分为物理净化、化学净化和生物净化。

4.3.1 物理净化

土壤的物理净化作用主要包括过滤与挥发。土壤是一个多相的疏松多孔体，进入土壤中的难溶性固体污染物可被土壤机械阻留；可溶性污染物可被土壤水分稀释或被土壤固相表面吸附，也可随水迁移至地表水或地下水层；某些污染物可挥发或转化成气态物质通过土壤孔隙迁移到大气介质中，进而减少土壤中污染物的含量。

4.3.2 化学净化

污染物进入土壤后，会发生一系列化学反应。如凝聚沉淀、氧化还原、络合-螯合、酸碱中和、分解化合，以及由太阳辐射能和紫外线等引起的光化学降解反应等。其中，氧化和水解反应会受到土壤的温度、水分和 pH 值的影响。许多有机磷农药进入土壤后，可通过水解降低毒性。如马拉硫磷和丁烯磷可进行碱水解，二嗪磷可进行酸水解。

4.3.3 生物净化

土壤中存在大量依靠有机物生存的微生物与土壤动物，它们具有氧化分解污染物的巨大能力，是土壤自净中最重要的贡献者。各种污染物在不同条件下分解的产物多种多样，并最终转化为对生物无毒的物质。土壤中的有机污染物在微生物作用下，逐步发生无机化或腐殖化过程。

含氮有机物在土壤微生物的作用下，会分解成氨或铵盐，称为氨化阶段。在氧气充足和亚硝酸菌的作用下，氨被氧化成亚硝酸盐，进一步在硝酸菌的作用下氧化成硝酸盐，称为硝化阶段。不含氮有机物也可在土壤微生物的作用下发生分解。含碳有机物在氧气充足的条件下最终变成二氧化碳和水，在厌氧条件下则产生甲烷。含硫和磷的有机物，在氧气充足的条件下最终分别变成硫酸盐和磷酸盐，在厌氧条件下则产生硫醇、硫化氢和磷化氢等物质。

有机物在土壤微生物的作用下不断分解和合成,最后变成腐殖质的过程称为有机物的腐殖化。腐殖质的成分很复杂,含有木质素、蛋白质、碳水化合物、脂肪和腐殖酸等。腐殖质的化学性质稳定,无不良气味,质地疏松,安全卫生,是良好的农田肥料。常用的人工堆肥法就是使大量有机污染物在短时间内转化为腐殖质而达到无害化的目的。

在各类土壤生物中,蚯蚓对于土壤自净功能的发挥有着重要的意义。有研究发现,蚯蚓具有分解土壤中污染物的作用。蚯蚓等软体动物在进食的过程中会促进植物成分的分解,使土壤空气循环流通,并使一些营养成分渗入土壤中。

目前,各国正积极研究利用蚯蚓来处理城市生活垃圾以及造纸、酿酒、食品、屠宰、制革、果品加工的废液及残渣等,并取得了一定的成果。例如,美国加利福尼亚的一个公司饲养了蚯蚓5亿条蚯蚓,每天可处理废弃物200吨。有报道称在日本,养殖3300万条蚯蚓,每天就可以处理1000吨造纸污泥。另据英国《每日电讯》报道,在英国一处废弃的矿井中发现了一种能吃金属的蚯蚓,这种蚯蚓能在被严重污染的有毒土壤环境中生存下来,并帮助清除土壤中的重金属。

然而,土壤的自净作用毕竟是有限的。某一特定的环境单元内,在一定的时限内,土壤所允许容纳污染物质的最大负荷量被称为土壤的环境容量。当污染物超过土壤环境容量时就会造成危害。不同土壤对污染物质的容量不同,同一土壤对不同污染物的净化能力也是不同的。因此,必须充分合理地利用和保护土壤的自净功能,不能超过其承受极限。

4.4 土壤修复

土壤修复是指利用物理、化学和生物的方法转移、吸收、降解和转化土壤中的污染物,使其浓度降低到可接受水平,或将有毒有害的污染物转化为无害的物质。

4.4.1 物理修复

物理修复是用物理方法对污染土壤进行修复的过程。主要方法有换土法、热修复法、电修复法等,其中换土法是最常用的一种物理修复方法。换土法是用新鲜的未受污染的土壤全部或部分替换污染的土壤,以稀释原污染物浓度,增加土壤环境容量,而达到修复土壤的一种方法。换土法的优点是简单易行,对技术、设备要求较低,其缺点是土源的获取和运输成本较高。

4.4.2 化学修复

化学修复是通过向土壤中施加化学制剂来改变有毒物质在土壤中的存在形态或迁移能力,使其易被淋洗去除或转化为难溶性物质以减少被作物吸收的机会。淋洗法是一种常用的化学修复方法。即通过注水来冲洗土壤孔隙中的残留污染物,使冲洗水流入地下水,然后回收冲洗水流以达到修复土壤的目的。常用的淋洗液有清水、有机溶液和无机溶液。这种方法的成本较低,操作人员不直接接触污染物,但是淋洗液与土壤可能发生化学反应而导致二次污染。

4.4.3 生物修复

生物修复是利用生物的吸收转化来消除土壤中污染物的一种简便、经济、有效的方法,目前这一方法正日益受到人们的重视。常用的生物修复方法有生物通气法、植物修复法、生物反应器处理法、堆肥处理法等。其中应用最多的是植物修复法。

植物修复法是利用植物吸收污染土壤中积累的重金属或有机污染物,将污染物从土壤中提取出来,富集并转移到植物地上部分,或利用植物根系特有的酶系统和微生物系统来络合土壤中污染物,从而降低污染物的活性和生物毒性。这些植物通常被叫作超积累植物,目前已发现有 700 多种对重金属有超积累能力的植物。例如,遏蓝菜属是一种已被鉴定的锌和镉超积累植物。研究发现,当每千克土壤中含锌 444 毫克时,遏蓝菜地上部分锌的含量可达到土壤中的 16 倍。利用植物修复受污染土壤的基本原理如图 4.6 所示。

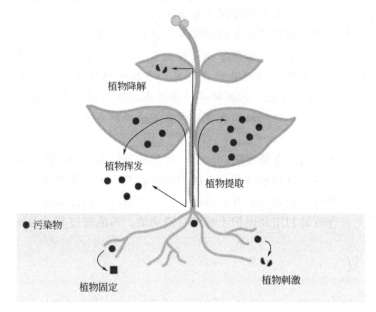

图 4.6　利用植物修复受污染土壤的基本原理

4.5　农产品安全

在种植韭菜过程中施用剧毒农药已成为公开的秘密(图 4.7)。2010 年 4 月 2 日至 9 日期间,某地蔬菜批发市场共检出农药残留超标韭菜 1930 千克。

我国是农业大国,用占世界不到 9% 的耕地成功解决了世界近 21% 人口的吃饭问题。但是,也必须认识到,当前我国农产品安全形势不容乐观,"毒豇豆"、"镉大米"等食品安全事件时有发生,"瘦肉精"等非法添加剂也曾出现,公众开始担心自己的"菜篮子"和"米袋子"是否安全。俗话说"国以民为本、民以食为天、食以安为先"。农产品质量安全直接关系人民群众的日常生活和生命安全,必须加大力度予以整治。

4.5.1　农产品污染

由于污染造成的农产品安全问题主要来自两方面。一方面,土壤中的污染物通过植物的吸收作用进入植物体内,长期积累会影响作物的产量与品质;另一方面,农业生产中施用的农药或生长素类化学品容易直接残留在农产品上。

关于农药的残留问题,常常由以下几方面的原因引起:一是农药品种选用不当,容易造成误用;二是用量不当,往往用药过大导致在农产品中残留过多;三是连续用同种药物使靶标生物出现抗药性,导致农药用量不断增大;四是农药质量问题不仅会造成污染,还不能获得应有的效果。

图 4.7 在种植韭菜过程中施用的剧毒农药

2010 年初,某地农业局抽检出 5 个豇豆样品中水胺硫磷残留超标。作为一种高毒农药,水胺硫磷已被国家禁止应用于果、茶、烟、菜、中草药等植物或蔬菜、水果上。图 4.8 示出了豇豆田附近随处可见的农药瓶。

图 4.8 豇豆田附近随处可见的农药瓶

4.5.2 安全保障

在市场经济条件下,某些公司会为了谋取利益,在生产制作、加工处理等环节中超量、违规地使用食品色素、激素、防腐剂等成分,给农产品安全埋下隐患。因此,政府有必要下大力气保障农产品质量的安全。农产品质量的安全保障是一项系统工程，涉及生产、流通、销售、质量监督管理等各个环节。

通过近年来的积极整治，我国农产品安全问题已经得到明显改善。2012年1~3月，农业部组织开展了全国农产品质量安全第一季度例行监测，共监测了31个省（区、市）150个大中城市的蔬菜（含食用菌）、水果、畜禽产品和水产品等4大类78个品种87个参数，抽检样品共计9628个。监测结果显示，蔬菜、畜禽产品和水产品合格率分别为97.3%、99.8%和96.5%，水果合格率为96.6%。可见，我国目前的农产品总体上是安全的。

2011年4月15日，湖北省某工商所执法人员在辖区一座大型蔬菜批发市场内，查获两个使用硫黄熏制"毒生姜"的窝点，现场查获"毒生姜"近1吨。据工商执法人员介绍，不法商贩将品相劣质的生姜用水浸泡后，使用有毒化工原料——硫黄进行熏制，熏过的"毒生姜"与正常的生姜相比，看起来更水嫩，颜色更黄亮，就像刚采摘的一样。图4.9所示为执法人员查扣"毒生姜"。

图4.9　执法人员查扣"毒生姜"

4.5.3　有机农业

在发达国家，有机农业开始盛行，有机农产品也日益受到公众的欢迎。有机农业是遵照一定的有机农业生产标准，在生产中不使用基因工程技术，不使用化学合成的农药、化肥、生长调节剂、饲料添加剂等物质，遵循自然规律和生态学原理，协调种植业和养殖业的平衡，采用一系列可持续发展的农业技术以维持稳定的农业生产体系的一种生产方式。

推行有机农业的一个重要手段是实施有机食品认证制度。目前经认证的有机食品主要包括一般的有机农作物产品、有机茶产品、有机食用菌产品、有机畜禽产品、有机水产品、有机蜂产品、野生产品以及用上述产品为原料的加工产品。国内市场销售的有机食品主要是蔬菜、大米、茶叶、蜂蜜等。

我国的有机食品认证是有严格规定的。首先，有机食品的原料须来自于有机农业生产体系或野生天然产品；其次，有机食品在生产和加工过程中必须严格遵循有机食品采集、生产、加工、包装、储藏、运输的标准，禁止使用化学合成的农药、化肥、激素、抗生素、食品添加剂等，禁止使用基因工程技术及该技术的产物及其衍生物；再次，有机食品生产和加工过程中必须建立严格的质量管理体系、生产过程控制体系和追踪体系；最后，有机食品必须通过合法的有机食品认证机构的认证。有机（Organic）农产品因具有更高的安全性而逐渐受到消费者的青睐（见图4.10）。

图4.10 有机农产品因具有更高的安全性而逐渐受到消费者的青睐

4.6 转基因技术的应用

2012年8月，国际环保组织曝光了美国塔夫茨大学在我国进行转基因大米人体试验的事实。该研究旨在检验美国某公司研制的转基因"黄金大米"对补充人体维生素A的作用，受试儿童全部是某所小学的学生。研究者令其中24名儿童在21天的时间里每日午餐进食60克黄金大米，并对其体内维生素A含量进行检测。该研究是在学生不知情的情况下进行的，曝光后引发了关于转基因食品的安全性以及相关伦理问题的巨大争议。图4.11所示为普通野生大米（wild type rice）和黄金大米（golden rice）。

转基因食品（Genetically Modified Food，GMF）就是利用现代分子生物技术，将某些生物的基因转移到其他物种中去，以改造生物的遗传特性，使其在形状、营养品质、消费品质等方面向人们所需要的目标转变，从而形成的可以直接食用，或者作为加工原料生产的食品。转基因食品在给农业生产带来巨大利益的同时，由于其可能存在生态和健康风险，使得公众对它充满疑虑。特别是转基因食品在过敏性、毒性、致癌性等方面都还存在巨大的不确定性，不少国家对转基因技术在农业生产中的应用都比较谨慎。

图 4.11 普通野生大米（wild type rice）和黄金大米（golden rice）

4.6.1 转基因食品

转基因植物技术始于 20 世纪 70 年代初，世界上第一例进入商品化生产的转基因食品是 1994 年投放美国市场的可延缓成熟的转基因番茄。近几年来，转基因技术发展异常迅速。截至目前，我国共批准发放了 7 种转基因作物的安全证书，即 1997 年发放的耐储存番茄、抗虫棉花安全证书，1999 年发放的改变花色矮牵牛和抗病辣椒（甜椒、线辣椒）安全证书，2006 年发放的转基因抗病番木瓜安全证书，2009 年发放的转基因抗虫水稻和转植酸酶玉米安全证书。2010 年我国种植转基因棉花 330 多万公顷，转基因番木瓜有少量种植，其余已发放安全证书的转基因作物未大面积种植。

从目前已经应用的情况看，转基因作物的优势性状主要是抗除草剂和抗虫害，二者分别占 77% 和 22%。当前的转基因作物主要有：抗虫的玉米和棉花，抗杀虫剂的大豆，富含胡萝卜素的水稻，耐寒、抗旱的小麦，抗病毒的瓜类和能控制成熟速度及硬度的番茄等。2012 年全球转基因作物种植面积达到约 1.7 亿公顷，比 2011 年增长 6%。按照种植面积统计，全球约 81% 的大豆、35% 的玉米、30% 的油菜和 81% 的棉花是转基因产品。图 4.12 所示为转基因玉米、油菜籽油、棉花籽油和大豆。

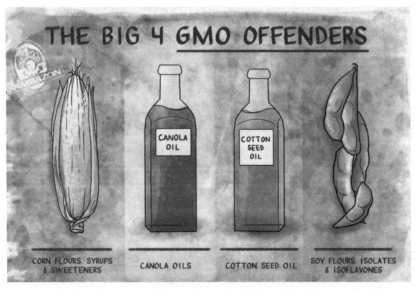

图 4.12 从左至右依次是转基因玉米、油菜籽油、棉花籽油和大豆

转基因食品是近年来发展的新型食品，其安全问题一直受到社会的广泛关注。在转基因食品中，由于外来基因的插入，宿主原来的遗传信息被打乱，极有可能发生一些意外的生态和健康效应。目前，不少学者认为，在转基因作物的安全性得到完整论证之前，不适宜对其进行大面积种植。各国应加大对转基因食品的监察力度，并对转基因食品执行严格的安全评价制度。

4.6.2 转基因食品管理

目前，世界上主要的发达国家和部分发展中国家都制定了对转基因作物的管理法规，以对其安全性进行评价和监控。在转基因食品安全性得到明确之前，多数国家规定厂商有义务向消费者说明所售食品是否为转基因食品。

4.6.2.1 欧盟

欧洲议会于1997年5月15日通过《新食品规程》决议，规定欧盟成员国对其上市的转基因产品必须标有转基因生物（Genetically Modified Organism，GMO）的标签，这包括所有转基因食品和含有转基因成分的食品。标签内容应包括：GMO的来源；过敏性；伦理方面的态度；不同于传统食品的特点（成分、营养价值、效果等）。

在欧盟关于转基因生物安全问题的最新文件汇编中，明确提出了对转基因产品管理的两大原则：安全预防和事先知情同意。其具体规定为，转基因食品不得对人体健康和环境造成危害，不得误导消费者。当所含转基因成分超过1%时，必须进行标识，而且说明与所取代食品之间存在的差异。

4.6.2.2 美国

目前，美国掌握着作物转基因的最先进技术。其中，孟山都公司（Monsanto Company）控制了世界范围内约有90%的转基因农作物种子的来源或相关专利。1992年，美国食品和药物管理局（FDA）制定了转基因作物食品管理条例，认为只要生产的改良产品中使用的基因技术控制的蛋白和酶不是新生成的，生物技术公司就无须获得生产许可便可直接生产。2000年5月，FDA又公布了转基因作物及食品管理新措施。新措施要求在推出新的转基因作物品种之前至少要提前4个月报告FDA，并提供相关研究数据和安全检测数据。总体上，尽管美国国内民众对转基因技术的争议很大，美国政府出于利益考虑，一直未强制规定对转基因食品进行标注。美国民众在白宫门前抗议，要求对转基因食品进行强制标注（见图4.13）。

4.6.2.3 中国

1992年，我国卫生部颁布了《新资源食品卫生管理办法》，规定转基因食品生产审批制度和标识方法。1993年原国家科委颁布了《基因工程安全管理办法》，要求对转基因食品进行安全性评价，制定安全控制方法和措施。1996年农业部颁布了《农业生物基因工程安全管理实施办法》，规定生物技术农产品的商品化生产要报农业部批准。台湾"卫生局"在2000年底前制定了转基因食品贴加标签的详细规定，要求转基因农产品符合相应的安全标准，同时还制定DNA衍生食品安全评估办法，规范转基因食品的查验登记及标示等，以供消费者查阅。并要求自2001年起，需对所有转基因作物加工的食品加贴标签。

近期有一种说法称，我国个别省区存在违规种植转基因玉米和水稻的问题，引发舆论关注。全国政协委员、农业部副部长牛盾在2014年3月4日接受采访时表示，目前我国并未商业化生产转基因主粮，已批准可用于商业化种植的转基因品种只有转基因抗虫棉和转基因

图 4.13　美国民众在白宫门前抗议，要求对转基因食品进行强制标注

木瓜，其他的一切种植行为都是非法的。

我国在转基因食品的管理上持谨慎态度，在研究上则予以支持。据报道，早在 2008 年，我国的"杂交水稻之父"、湖南国家杂交稻工程技术研究中心袁隆平院士就已经承担了"高产转基因水稻新品种培育"重大项目。目前，袁隆平院士与华中农业大学张启发院士团队正在共同研究转基因水稻。

思　考　题

1. 什么是"镉米"，"镉米"是怎么形成的？
2. 为什么要禁止生产和使用有机氯杀虫剂？
3. 你最关心的食品安全问题有哪些？
4. 你知道"无公害食品"、"绿色食品"和"有机食品"的区别吗？
5. 你是否支持将转基因技术应用于我国的农业生产，为什么？
6. 你是否听说过保护耕地的"十八亿亩红线"，是哪些原因导致我国耕地面积不断缩小？

5 水

据统计，全球每年排放的污水达 4 千多亿吨，造成 5 万多亿吨水被污染，五分之一的人口得不到安全的饮用水，数百万人因此而死亡。我国有 3 亿多人饮水不安全，饮用水水源污染、局部地区季节性缺水、水污染引起的地方病等问题在一些地区依然存在。一名非洲少年从深坑中尽力舀起仅有的一点浑水（图 5.1）。非洲妇女每年需要总计花费超过 400 个小时用于从遥远的地方取水，而这些水大多是未经消毒处理的。

图 5.1　一名非洲少年从深坑中尽力舀起仅有的一点浑水

水是生命之源，同时还是工农业生产、经济发展和环境改善过程中不可代替的自然资源。进入 21 世纪以来，随着人口增长、环境污染以及对水资源的不合理使用，很多国家和地区都出现了水资源短缺问题。

5.1　水资源

广义上的水资源是指水圈内的水量总体，即能够直接或间接使用的各种水，也指对人类活动具有使用价值和经济价值的水；狭义上的水资源是指在一定经济技术条件下，人类可以直接利用的淡水，即与人类生活和生产活动以及社会进步息息相关的淡水资源。水资源是发展国民经济不可缺少的重要自然资源，如果能够对其进行有效合理的利用，能够达到兴利除害的目的。相反，如果水资源开发利用不当，则会制约国民经济发展，破坏人类的生存环境。

5.1.1　水资源分类
5.1.1.1　地表水

地表水是存在于地壳表面，暴露于大气的水，即河流、湖泊、水库、池塘、沼泽、冰川等。由于地表水水量充足、取用方便、水质经常规处理后即可以满足饮水要求，因此常被选用为生活饮用水水源。但地表水暴露于大气中，易受气候、地质及人为活动等因素的影响。

2012年12月31日，山西某煤化工集团公司发生苯胺泄漏事故，导致漳河流域水源被污染。事故造成漳河沿线80千米断水；河北邯郸因上游来水被污染而被迫大面积停水；河南安阳也采取了切断水源、暂停沿途人畜饮水等措施加以应对。由于苯胺的密度略大于水，会自然沉降至水底。由于苯胺不易降解，因而，对沿途污染地带的底泥处理将是一场持久战。

5.1.1.2 地下水

广义上的地下水是指埋藏和运动于地表以下不同深度的土层和岩石空隙中的水，狭义上的地下水是地下1000米范围内的水。按照埋藏条件可分为包气带水、潜水和承压水，按照埋藏介质可分为孔隙水、裂隙水和岩溶水。地下水以其稳定的供水条件、良好的水质，成为农业灌溉、工矿企业以及城市生活用水的重要水源。据估算，全球地下水总量比整个大西洋的水量还要多。但是过度开采地下水会造成地面沉降，给建筑物、道路桥梁、地下管线等带来严重的损失。

浙江素有"七山一水二分田"之说。如今，这宝贵的"二分田"正遭受着沉降之痛。有研究披露，长三角区域1/3范围内累计地表沉降已超过200毫米，面积近1万平方千米。由于过度开采地下水而导致的地面沉降使长三角地区造成的直接和间接损失已经超过3000亿元。图5.2所示为地面沉降实况。我国在19个省份中有超过50个城市发生了不同程度的地面沉降。

图5.2 由于地下水过度开采造成的地面沉降

5.1.2 世界水资源短缺

地球上的水资源总量约为13.8亿立方千米，淡水只占其中的2.7%，淡水中的68%为冰川、冰山水，还有一部分淡水埋藏于地下很深的地方，很难进行开采。而可供人类直接使用的河流湖泊中的水以及浅层地下水,只占全部液态淡水总量的0.3%。

在20世纪末,世界上有许多著名河流,如美国的科罗拉多河、中亚的阿姆河和锡尔河,以及中国的黄河、海河、塔里木河等,都出现过水量减少、枯水季甚至断流的现象。众多的区域性水危机在很大程度上预示着全球性水危机的到来。联合国也曾发出警告称,水资源很可能成为21世纪最紧缺的资源之一。

随着社会的发展和人民生活水平的提高,人类对水资源的需求日益增加。据统计,过去50年,全世界淡水使用量增加了将近4倍。联合国发出警告:如果以目前这种方式继续下去,到2025年世界上将有2/3的人口生活在严重缺水的环境中。

5.1.3 中国水资源短缺

中国水资源总量为2.84万亿立方米,居世界第六位,然而人均水资源仅有2140立方米,为世界平均水平的1/4,列全球第88位,属于缺水国家之一。我国水资源分布不均,长江及其以南的流域面积占全国总面积的36.5%,其水资源量却占全国总量的81%;长江及其以北流域面积占全国总面积的63.5%,其水资源量仅占全国总量的19%。

中国有400多座城市供水不足,110座城市严重缺水,其中包括天津、大连等海滨大城市。海河、辽河、淮河、黄河、松花江、长江和珠江7大水系都受到不同程度的污染,使得水资源的短缺问题更加严重。中国西部广大地区缺水最为严重,有些地区年平均降雨量仅为300毫米,而蒸发量却达到1500~2000毫米,有1300万人面临严重缺水的困境。缺水导致卫生条件恶劣,严重威胁着该地区人民特别是妇女和儿童的健康。

一个西部地区的初中生,这样描述他家的"流水线":最缺水的时候,从窖里打上一点水,先洗菜,菜洗完把水澄清,澄清以后把清水保留下来,然后洗手、洗脸、洗头,然后洗脚,最后留下来给牲口喝。由于缺水,西北旱区农家的习俗跟外面的世界大不一样。比如家中来了客人,主人一般是用馍招待,除非认为你是一位尊贵的客人,才能有幸被敬上一小杯水。

图5.3 西北干旱地区的一位老汉到"母亲水窖"打水

图 5.3 所示为西北干旱地区的一位老汉到"母亲水窖"打水。"母亲水窖"是中国妇女发展基金会从 2001 年开始实施的慈善项目,重点帮助西部地区百姓特别是妇女解决缺水困难。

5.1.4 水与人体健康

"人可三日无餐,不可一日无水"。水是人体的重要组成部分,是人体内含量最多的一种化学物质。在成人的组织中水的比重约占 70%,中年人约占 60%,老年人约为 50%,而新生儿体内的水可高达 80%～90%。其中水在人体血液里所占比例为 90% 左右,脑组织里占 75%～85%,肌肉里占 70%,骨骼里占 10%～20%。如果人体中水的比重低于 50%,人的生命就会受到威胁。

水参与机体的物质代谢、电解质平衡、输送营养以及酶的作用。当人体缺 1%～7% 体重的水时会感到口渴、乏力、恶心、四肢疼痛;当脱水达到体重的 7%～14% 时,会出现头昏眼花、呼吸急促、肌体代谢紊乱,甚至可能诱发精神异常;当失水达体重 15% 以上时,则会出现生命危险。

5.2 水污染

人类文明的高速发展给地球带来了严重污染,使湖泊不再清澈,大海不再蔚蓝,各种疾病因为水的污染而层出不穷。据世界卫生组织(WHO)调查显示:全球 80% 的疾病源于水污染,全球 50% 的癌症与饮用水不洁净有关。2013 年 6 月 25 日,中国疾控中心专家团队历时 8 年研究出版《淮河流域水环境与消化道肿瘤死亡图集》,首次证实了我国的癌症发生率与水污染的直接关系。

S 河是淮河的支流,污染严重,水质为劣五类。在过去十多年中,S 河流经的省份出现多个"癌症村"。其中某县原是个没有污染的"稻花香两岸"的典型农业县。然而在 2004—2006 年,当地儿童的恶性肿瘤死亡率约为 189/10 万,而同期全国平均水平为 120/10 万。图 5.4 所示为渔民纵身跃过满是毒泡沫的河水水面。

图 5.4 渔民纵身跃过满是毒泡沫的河水水面

5.2.1 水污染概述

水污染是污染物进入河流、海洋、湖泊或地下水等水体后,使水体和沉积物的物理、化学性质或生物群落组成发生变化,从而降低了水体的使用价值,并影响了人类正常生产生活以及生态平衡的现象。

水污染根据来源不同,可分为自然污染和人为污染。自然界自行向水体释放有害物质或造成有害影响的现象为自然污染。如有毒的泉水、石油渗漏、岩石和矿物的风化、腐蚀物沉积等。人为造成的水体污染为人为污染。例如,工业废水、生活污水的排放;固体废物堆积在水中;排放到大气中的废气,随降水进入水体等造成的水污染。

水污染又可根据污染物排放空间和分布方式的不同分为点源污染与面源污染。点源(point source)污染指有固定排放点的污染源,指工业废水及城市生活污水由排放口集中汇入江河湖泊。面源(也称为"非点源",non-point source)污染则没有固定污染排放点,是以面状分布和排放的污染源。

点源污水含污染物多,成分复杂,其变化规律与工业废水和生活污水的排放规律一致,即具有季节性和随机性。大、中型企业和居民点在小范围内的大量污水的集中排放即属于点源污染。图 5.5 所示为某制药厂排污口。

图 5.5 某制药厂排污口

土壤侵蚀和流失,降雨导致的地表径流,以及农田化肥和农药的施用、农村粪便与垃圾的堆积等都是典型的面源污染。我国重要湖库如太湖、巢湖、滇池、三峡库区、白洋淀、南四湖和异龙湖等地的富营养化问题日益严重,与面源污染密切相关。

5.2.2 水污染种类及危害

5.2.2.1 水体富营养化

天然水体中由于过量营养物质(主要是指氮、磷等)的排入,导致浮游植物(藻类)异常繁殖和生长,出现"水华"、"赤潮"等问题,这种现象称作水体富营养化。藻类的呼吸作用和死亡的藻类的分解作用消耗大量的氧,使水体中溶解氧含量急剧下降,严重影响鱼类生存。

近年来,中国南方最大的两个淡水湖——太湖和巢湖几乎年年出现蓝藻大爆发,不仅使水生生态系统遭到破坏,给渔业资源带来重大损失,而且严重威胁到周边城市的供水安全。图 5.6 所示为 2011 年 7 月,渔民划船行驶在布满藻类的巢湖湖面。

图 5.6 2011 年 7 月,渔民划船行驶在布满藻类的巢湖湖面

富营养化引发的另一个问题是藻类产生的毒素。有些淡水和海洋藻类能够产生藻毒素,此类物质化学性质稳定,在水中自然降解速率缓慢,具有很大的危害性。然而,不论是常规的自来水处理工艺,还是将水煮沸,都难以有效去除藻毒素。当水中存在较高浓度藻毒素时,人体直接接触会导致皮肤过敏;少量饮用会引起肠胃炎;长期饮用可能引发肝癌。淡水水体中的蓝藻毒素已成为全球性的环境问题,世界各地经常发生蓝藻毒素中毒事件。

1996 年 2 月,131 名患者在巴西 Caruaru 透析中心接受了常规透析治疗。8 个月后,在出现急性肝衰竭的 100 名患者中,共有 76 人死亡,其中 52 人被归因于透析水中的微囊藻毒素。发生藻类暴发的水域应对公众作出安全警示(见图 5.7)。

5.2.2.2 重金属污染

化石燃料的燃烧、采矿和冶炼是向环境释放重金属的最主要途径。很多金属,如汞、铅、镉和镍是高毒性的,百万分之一级的水平就能致命。汞和铅可与中枢神经系统的某些酶类强烈结合,容易引起神经错乱,严重者会发生昏迷以至死亡。此外,重金属在水体中随着食物链的传递在高营养级具有放大富集作用。

2013 年 7 月,上海市消费者保护委员会对市售水龙头产品抽检,结果显示,22% 的抽检样品存在铅超标问题,部分产品铅超标达 20 倍;北京市消费者协会经调查也发现了同样的问题,这引起了消费者对水龙头安全性的担忧。专家建议早晨打开水龙头先放掉"第一段水",然后再使用。在购买水龙头时,最好选择不锈钢材质的龙头,不锈钢材质不含铅,可以避免铅的污染问题。

5.2.2.3 有机化学品污染

化学工业合成出了诸如有机氯、有机磷、多氯联苯、芳香族氨基化合物等化学品,这些化学品几乎都是高毒性的。其中有些化学品会渗漏出来流入到地表水和地下水中,严重威胁着公众的健康。典型的有机氯杀虫剂如 DDT、六六六等,由于难降解而导致其长期残留于

图 5.7 发生藻类爆发的水域应对公众作出安全警示(图中英文:由于此区域暴发过"藻华",水体可能不安全,请不要接触有明显浮渣的水面)

环境中,对生物和人体造成持久的危害,已被许多国家所禁用,取而代之的是易降解的有机磷农药。

2004年2月26日,湖南某镇村民用当地井水烧了一壶茶,却闻到茶水内有一股浓烈的农药味。原来是附近某仓库内堆放了大量的剧毒农药,在搬运农药过程中有大量药瓶破损并导致农药泄漏。因春季雨水较多,加上仓库所处位置地势较高,农药就慢慢渗入井水内,当地村民只有到外地去挑水或购买矿泉水来解决饮用水和生活用水问题。剧毒农药污染了该镇的7口水井,3000村民的饮水成了问题(见图5.8)。

图 5.8 剧毒农药污染了湖南某镇的7口水井,3000村民的饮水成了问题

5.2.2.4 石油污染

石油在开采、储运、炼制和使用过程中,排出的废油和含油废水,会使水体遭受油污染。油膜使大气与水面隔绝,降低海水溶解氧含量,影响大气和海洋的热交换。此外,油膜和油块会粘住大量鱼卵和幼鱼,导致鱼卵死亡、幼鱼畸形,给渔业资源带来难以估量的损

失；如果油膜太厚，会使海鸟翅膀被粘住，导致溺水窒息而死，近岸生态系统遭到严重破坏。

2011年6月，美国康菲公司与中海油合作开发的蓬莱19-3油田发生溢油事故，康菲公司遭到百名养殖户的起诉。最终康菲石油中国公司和中国海洋石油总公司总计支付16.83亿元，其中，康菲公司出资10.9亿元，赔偿本次溢油事故对海洋生态造成的损失；中国海油和康菲公司分别出资4.8亿元和1.13亿元，承担保护渤海环境的社会责任。图5.9所示为一只水鸟在遭到石油污染的海面上挣扎。

图5.9　一只水鸟在遭到石油污染的海面上挣扎

5.2.2.5　放射性污染

人类活动排放出的放射性污染物进入水体后，放射性核素可通过多种途径进入人体，使人体受到放射性伤害。核试验是全球放射性污染的主要来源，原子能工业特别是原子能电力工业的发展，会排放或泄漏出含有多种放射性同位素的废物，致使水体的放射性物质含量日益增高。

在全球电力需求持续增长和能源供应紧张的背景下，许多国家开始研究利用核能进行发电。然而，核能发电带来的环境问题使公众对核电的利用充满忧虑。

2013年中秋之际，韩国却迎来了一个"无鱼"的中秋。针对福岛第一核电站核污水泄漏的问题，韩国已经宣布禁止进口日本8个县的水产品。图5.10为福岛第一核电站爆炸现场。核技术专家称，日本福岛核电站受到地震和海啸影响的核燃料棒可能需要一个世纪的时间才能恢复至安全状态。

5.2.2.6　病原微生物污染

水体的病原体主要来自人畜粪便、污水等。其中主要有沙门氏菌、大肠杆菌、兰氏贾第鞭毛虫、隐孢子虫等。伤寒、霍乱、胃肠炎、痢疾、传染性肝炎是人类五大传染性疾病，均能够通过受污染的水进行传播。

调查发现，一些游泳馆存在水质浑浊、对传染病菌"把关"不严、余氯超标等诸多问题，对游泳者的健康造成威胁，"健康池"正在变成"隐患池"。2011年8月，北京市卫生

图 5.10　福岛第一核电站爆炸现场

监督所对两家游泳场馆进行抽检，均发现存在严重的设施问题和水质问题。夏季很多游泳池人满为患，泳池内的环境卫生情况不容乐观（见图 5.11）。

图 5.11　夏季很多游泳池人满为患，某些泳池内的环境卫生情况不容乐观

5.3　再生水

再生水又称"中水"，是指污水经适当处理后达到一定的水质指标，满足某种使用要求，可以进行再次使用的水。将再生水作为一种持续而稳定的水资源加以利用，是缓解水资源短缺甚至解决水危机的重要途径。

5.3.1　再生水的优势

再生水具有三大优势：一是水源优势，只要有城市污水产生，就有了可靠的再生水源；二是技术优势，目前的水处理技术完全可以将污水净化至人们所需要的水质标准；三是经济优势，城市污水采取分区集中回收处理后再用，与开发其他水资源相比，成本较低。

5.3.2　再生水的应用现状

美国和日本是世界上较早进行污水再生利用的国家，20 世纪 70 年代初，美国开始大规模兴建污水处理厂并开始将污水再生回用。俄罗斯、以色列、南非、纳米比亚等国家的污水再生回用也很普遍，南非和纳米比亚等国甚至建起了饮用水再生工厂，南非的约翰内斯堡每天有 9.4 万立方米的饮用水来自再生水工厂。此外，希腊、摩洛哥、约旦、塞浦路斯、埃及、突尼斯等水资源较为短缺的国家，在污水再生回用方面也获得了很大的发展。

以色列是世界上再生水利用率最高的国家之一，全国几乎所有家庭都实现自来水和再生水双管入户，使全部生活污水和市政污水都得到了回用，主要用于灌溉、工业企业、家庭冲厕、河流补水等。

5.3.3 我国再生水的应用

我国再生水应用起步较晚。2001 年，"十五"纲要明确提出污水回用，再生水利用进入全面启动阶段。按照"十二五"时期经济社会发展目标预测，到 2015 年北京市再生水用量将达 10 亿立方米。目前，随着我国节水型社会的建设和治污工作的深入开展，一些缺水城市的再生水资源得到了有效利用，再生水可应用于道路、绿地浇洒、洗车、冲厕、市区景观河道、公园（庭院）水池、喷泉、园林和农田灌溉、冷却设备补充用水。据报道北京再生水利用率已超过 50%，深圳达到 35%，天津达到 30%，青岛为 25% 等。

北京环卫集团的洒水车、一些洗车店、园林绿化的灌溉用水，都开始逐步利用再生水。2012 年，北京市河湖景观用水总量 5.7 亿立方米中，有 3.7 亿立方米为再生水，比例约为 65%；京城的圆明园、朝阳公园、龙潭湖等，以及清河、温榆河等公园的河道，都已经全部改由再生水补给。当年，全市再生水用量已达 7.5 亿立方米，相当于 375 个昆明湖。未来三年，北京还要新建 47 座再生水厂，升级改造 20 座污水处理厂，届时，再生水利用率将进一步扩大。北京市朝阳区北小河公园将再生水作为景观用水（见图 5.12）。

图 5.12 北京市朝阳区北小河公园将再生水作为景观用水

我国政府正逐年加大对再生水的使用力度。2012 年 4 月，国务院办公厅印发《"十二五"全国城镇污水处理及再生利用设施建设规划》，主要任务是积极推动再生水利用，全国规划建设污水再生利用设施规模达 2676 万立方米/日。

天津泰达污水处理厂是我国第一个将污水深度处理回用的再生水厂，该厂采用中空纤维分离膜及连续微滤（CMF）设备对污水进行处理并回收利用。该厂是全国第一个住房和城乡建设部再生水厂示范工程，该项目的建成为开发区众多企业提供了再生水。此外，再生水还用于浇地、冲厕、洗车、冷却水、锅炉补充水等，大大节省了自来水资源，满足了开发区企业生产用水的需求，大大缓解了滨海新区水资源紧张的状况。

5.3.4 再生水的安全性

由于再生水中化学污染物和病原微生物的组成非常复杂，再生水的安全性成为人们质疑的焦点，所以对再生水进行安全评价非常重要。由于污水处理厂对微生物的去除能力有限，可能会导致再生水中病原微生物含量超标。如果将再生水直接应用于道路喷洒、洗车、喷泉、园林和农田灌溉等，有可能使公众直接暴露于其中。此外，应用于农田和绿地灌溉的再生水可能会渗透到地下，致使地下水受到生物污染。再生水做景观用水时还存在氮、磷超标的问题，容易爆发"水华"。

5.4 饮用水安全

5.4.1 饮用水来源

自然界的水一般都要经过净化处理方能满足公众日常饮用的需要。水处理的目的是去除原水中的悬浮物质、胶体物质、细菌、藻类、重金属、有机污染物等有害成分，使净化后的水质能满足人类生产和生活的需要。

常规的自来水净化流程大体可分为原水获取、混凝沉淀或澄清、过滤、消毒四个基本步骤。自来水厂从水源地获得原水后，经过混凝工艺处理使水中悬浮物相互凝结形成较大颗粒，经沉淀处理将其去除后，再经过滤处理去除一些细小颗粒，使水进一步澄清。过滤之后的水虽已澄清但并非即可安全饮用，水中还可能存活细菌或病毒，需要进行加氯消毒，以杀死这些有害微生物。

在非洲，有一种利用日光给水消毒的方法，称为"日光消毒法"（solar disinfection，SODIS）。该方法是将水倒入透明或蓝色的聚酯水瓶（也可用玻璃瓶），暴露在阳光下至少6个小时。阳光中的热量和紫外线辐射会杀死细菌、病毒和寄生虫。如果倒入瓶中的水非常浑浊，加入微量的盐便能使悬浮物絮凝沉淀，如果加入酸橙汁还能提高消毒效率。在非洲，超过5万人每天使用SODIS法消毒过的饮用水（见图5.13）。

5.4.2 输水过程中的污染

国内城市供水管网中有32.8%的主干管道存在材质低劣问题，37%的主干管道存在严重老化问题。这些管道大多已经铺设并使用50年以上，管道内壁锈蚀、结垢严重。据测算，管网老化会使水质降低20%。此外，流速、压力等的突然变化也容易形成短时间内的水质恶化，甚至出现"红水"、"黑水"事故。在输水管网中，灰口铸铁管、镀锌铁管所占比重大，容易形成水垢，腐蚀严重。相对而言不锈钢管道更耐腐蚀，在日本，自来水管道大都采用不锈钢材质，减少了输水过程中的二次污染。使用其他材质的水管也可能存在风险。例如，塑料水管如果质量不过关，也可能在输水过程中发生二次污染。

2014年1月21日，央视《焦点访谈》曝光了江苏等地"掺假水管"的黑色产业链，一些厂家在用于生产塑料自来水管的原料中，掺杂了有毒回收塑料。这些掺入了回收塑料的自

图 5.13　在非洲，超过 5 万人每天使用 SODIS 法消毒过的饮用水

来水管，由于原材料里可能混有病菌，用于输送自来水时，很可能形成生物污染。图 5.14 所示为老化锈蚀的输水管。这种输水管是导致自来水二次污染的重要原因。

图 5.14　老化锈蚀的输水管

5.4.3　二次供水

　　小区二次供水一般是先将水注入水池或水箱，加压后再用子管道分送给居民。二次供水的蓄水池多数建在居民楼顶上，由于疏于管理，很多蓄水池出现大量青苔、藻类，甚至沉积

污泥，导致水质严重下降，致使这些蓄水池成为二次污染源。

据调查，某市一万多个（未包含部分新建小区的蓄水池）二次供水蓄水池中，常年不清洗的达 4000 个左右，近三成蓄水池沦为新的污染源。图 5.15 所示为工作人员正在对居民的二次供水池进行清洗。

图 5.15　工作人员正在对居民的二次供水池进行清洗

5.4.4　瓶装水

美国是全球瓶装水第一大消费国，其次是墨西哥，中国、巴西、意大利、德国紧随其后。瓶装水的长途运输和包装都需要消耗大量矿物燃料，通常用于水瓶制作的塑料也需要从原油中提炼。据报道，在美国，每年用于瓶装水制瓶的原料超过 150 万桶原油，约是 10 万辆机动车一年的用油量。瓶装水的生产，不仅要消耗大量的能源，还产生了大量的垃圾，其成本是自来水的数千倍。瓶装水在生产和运输过程中会影响到我们的生态系统。

在印度，可口可乐公司为生产 Dasani 瓶装水和其他饮品而大量采水，导致 50 个村庄的水资源短缺。事实上，全球大约 40% 的瓶装水直接源于自来水，与自来水相比，饮用瓶装水没有特别的益处。图 5.16 所示为瓶装水。瓶装水的生产成本远远高于自来水，而且还造成巨大的浪费。

另有报道称，女性不宜喝夏天存放在汽车里的瓶装水。因为塑料瓶会在高温下产生特殊化学物质，导致女性罹患乳腺癌。当此说法在北美流传的时候，美国权威部门发表了相应的声明，解释瓶装水容器在多种环境条件下都是安全的。最常见的瓶装水是用 PET 制成的，高温下 PET 确实有可能发生反应，但所需温度远高于夏天车里所能达到的温度。夏天汽车里的高温不足以造成瓶装水容器释放危害人体健康的物质（图 5.17）。

5.4.5　桶装水

桶装水是采用自来水或抽取地下水，经过现代水技术处理而制成，灌装至 PVC 桶得到的产品。但是桶装水并非绝对安全，在饮用桶装水时要注意其潜在的健康风险。如果水桶长

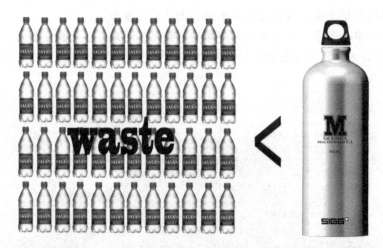

图 5.16　瓶装水（图中英文：更好的味道，更少的垃圾）

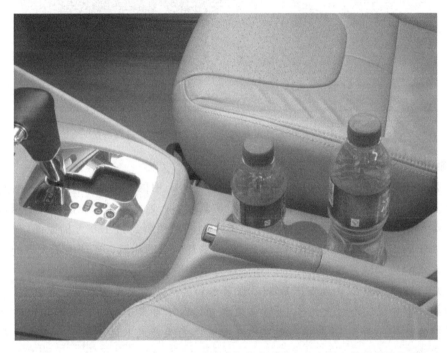

图 5.17　夏天汽车里的高温不足以造成瓶装水容器释放危害人体健康的物质

期不清洗，不消毒，滋生细菌和藻类可能导致饮用者肠道感染；如果使用的桶由劣质材料制成，可能会因此而摄入有毒有害物质；如果水源并非来自正规厂家，则水本身就可能不卫生，带来的危害更大。

要获得清洁的桶装水，首先要使用正规厂家生产的水。其次，注意包装桶是否晶莹透明，质感硬。第三次，桶装水一旦打开，应尽量在一周内用完，否则应加热煮开再饮用。尤其是在炎热的夏季，温度高，细菌繁殖速度也加快，更不能久存。第四，桶装水最好放在避光、通风阴凉的地方。最后，应注意定期清洗饮水机。图 5.18 所示为壁上附着有大量污垢

图 5.18 壁上附着有大量污垢的水桶

的水桶。这种长期得不到合理清洁和消毒的水桶会滋生大量的细菌和藻类。

5.4.6 科学饮水

日常饮水应以自来水为主,烧开后饮用。合格的自来水中含有人体所需的矿物质,是优质的饮用水源。水经过煮沸,能够杀死对人体有害的细菌、病毒、寄生虫、病原体等,是比较安全的。但注意不要喝过烫的水。太烫的水容易使口腔、食道和胃黏膜受损而发生炎症,长期下去会引起黏膜的质变,甚至会发生癌变。

不要用饮料代替水。饮料中通常含有糖分、盐分和其他电解质,糖分易导致热量摄取过多而致人体发胖,长期饮用含有各种电解质的饮料也会增加肾脏的代谢负担。就餐时注意合理饮水。饭前喝少量水,可以促进食欲;吃饭过程中适量饮水(或汤水),有利于消化吸收;饭后不宜大量饮水,以免冲淡胃液,抑制食物的消化吸收。

思 考 题

1. 你所在的城市以及你的故乡是否缺水,存在什么样的水环境问题?
2. 我国对地表水水质是如何分类的,哪几类水可以作为人的饮用水源?
3. 游泳池一般会采取哪些消毒措施,在游泳旺季是否存在水质问题,如何解决?
4. 你是通过哪些方式饮水的,每天是否饮用了足够的水,是否存在饮水误区?
5. 你是否了解"南水北调"工程?
6. 什么是住宅小区的二次供水,二次供水的污染环节是什么?
7. 观察一下,你是否知道身边哪些水来自再生水,其安全性如何?
8. 在各类瓶装水中,矿泉水、矿物质水、饮用天然水、纯净水有什么区别?
9. 你是否听说过"富氧水"、"磁化水"、"弱碱性水"、"维他命水"、"活性水"、"纳米水",查找这些花哨名字背后的真相。

6 固体废物

2006年9月，科特迪瓦政府因经济中心阿比让发生"毒垃圾"污染事件而集体辞职。该事件的起因是这样的：一艘装有数百吨有毒工业垃圾的货轮从荷兰出发后，先后在尼日利亚、塞内加尔、贝宁、多哥碰壁，最终将"毒垃圾"倾倒在阿比让的10多个露天垃圾处理场。垃圾排放的有毒气体至少造成15人死亡、3.7万人就医，众多居民的正常劳作能力受到损害，大量的人口被迫迁移。图6.1所示为工作人员正在冲洗被"毒垃圾"污染的区域。

图 6.1 工作人员正在冲洗被"毒垃圾"污染的区域

在人类的日常生活中，每天都会不可避免地产生各类垃圾。在工农业生产和商业活动中，也同样在不断地产生垃圾。垃圾如不能得到有效的管理和处置，就会形成污染，除了给人们的生活造成诸多不便，还会威胁人体健康。

6.1 固体废物及其危害

固体废物（solid waste）是指在生产生活中产生的固态、半固态废弃物质。生产活动中产生的废物一般被称为"废渣"，生活中产生的废物俗称"垃圾"。目前，我国固体废物种类多，产生量大，综合利用率低，如果对其处置不当，会给环境和人体健康带来严重的危害。

6.1.1 固体废物的产生

固体废物主要来源于人类的生产和消费活动。在资源开发和产品制造过程中，一般很难百分之百地利用原料，产生废物在所难免；很多产品在使用和消费后也都会失去原有的利用价值而变成废物。从来源上看，固体废物可分为工业废物、矿业废物、城市废物、农业废物和放射性废物。我国从固体废物管理的需要出发，常将其分为城市生活垃圾、工业固体废物和危险废物三类。

(1) 城市生活垃圾　城市生活垃圾是指在城市居民日常生活中产生的固体废物。城市生活垃圾的组成受地理位置、当地的经济状况以及人们的生活习惯影响较大。城市生活垃圾成分复杂，往往含有大量易分解的有机物，容易滋生大量细菌并产生恶臭；也有大量不易分解的有机物（如塑料、橡胶等），还有电池等含有重金属或其他有害成分的物质。

(2) 工业固体废物　工业固体废物是指在工业生产活动中产生的固体废物，又称工业废渣或工业垃圾。工业垃圾的组成受行业分工、技术水平的影响较大。例如，石化行业产生的废物主要是有机易燃物质，建筑行业产生的多为渣土，机械行业产生的多为金属边角料等。

(3) 危险废物　危险废物是指被列入《国家危险废物名录》或者被国家危险废物鉴定标准和鉴定方法认定的具有危险性的废物，例如医疗垃圾、电子垃圾、富含重金属的废物、部分化工废物等。危险废物一般具有腐蚀性、毒性、易燃性、反应性或者感染性，对人体和生态系统危害极大，公众对其也极为敏感，因此也是世界各国极为重视的"政治废物"。世界上每年都有大量有毒化学品因处置不当而成为危险废物（见图 6.2）。

图 6.2　世界上每年有大量有毒化学品因处置不当而成为危险废物

6.1.2　固体废物的危害

6.1.2.1　侵占土地

固体废物的露天堆放和填埋处置需要占用大量土地，据统计仅 104 吨废物即可占用 1 亩土地。随着我国生产的发展及消费水平的增长，城市垃圾受纳场地日显不足，垃圾与人争地的矛盾日益突出。在农村，垃圾侵占土地的形势也不容乐观。全国 4 万个乡镇、近 60 万个行政村中大部分都没有环保基础设施，每年约产生生活垃圾 2.8 亿吨，这些垃圾大部分都是露天堆放，不少地方对垃圾的处置还处于"靠风刮"的状态。

据调查，目前全国有 1/3 以上的城市被垃圾包围，城市垃圾堆存累计侵占土地 75 万亩。另有报道称，全国 600 多座大中城市中，其中有 2/3 陷入垃圾的包围之中，且有 1/4 的城市已没有合适的场所堆放垃圾。全国城市垃圾历年堆放总量高达 70 亿吨，而且每年仍以约 8.98% 的速度递增。例如，北京市日产垃圾 1.84 万吨，如果用装载量为 2.5 吨的卡车来运输，需要 7360 辆卡车。由于生活垃圾得不到妥善处理，"垃圾围城"现象越来越多（见图 6.3）。

图 6.3　由于生活垃圾得不到妥善处理，"垃圾围城"现象越来越多

6.1.2.2　污染土壤

固体废物长期露天堆放，其有害成分在地表径流和雨水的淋溶、渗透作用下通过土壤孔隙向四周和纵深的土壤迁移。在迁移过程中，有害成分会经受土壤的吸附和其他作用。通常，由于土壤的吸附能力和吸附容量很大，有害成分会随着渗滤水的迁移，在土壤固相中积累，从而抑制植物生长，有的还会在植物体内富集，有些土地甚至因此失去利用价值。

由于污染物在土壤中的迁移是一个比较缓慢的过程，其危害可能在数年以至数十年后才能被发现，但是当发现污染时可能已造成难以挽救的灾难性后果。因此，从某种意义上讲，固体废物特别是危险废物对环境造成的危害可能要比污水、废气更严重。

2013 年 1 月，某记者在广州某村，看到一片散落着各类垃圾的农田，几乎每条田间小道上都堆着沤过的垃圾。垃圾中的废电池、药瓶、碎玻璃、牛奶袋、塑料盒、树叶与土壤混合在一起，蜘蛛、苍蝇、蠕虫遍布其中。这一问题曾被媒体多次披露，权威机构检测到当地土壤和蔬菜存在重金属超标现象，但一直未得到解决。

6.1.2.3　污染水体

固体废物随天然降水和地表径流进入河流湖泊，或随风力运动进入水体，都会使地表水受到污染；而其渗滤液进入土壤则会使地下水受到污染；若直接将固体废物排入河流、湖泊或海洋，不仅会使水体面积减小，还会危害水生生物的生存，破坏水资源。

2007 年 7 月 24 日，进入主汛期的长江上游连降暴雨，大量水上漂浮垃圾涌入三峡库区，给库区水环境、航运、旅游等带来不利影响。为保证长江航运和库区水环境安全，三峡库区重庆市、湖北省沿江各区县不得不加大清漂力度，每天打捞水上垃圾百余吨，以确保三峡大坝电厂的运行安全和库区的水质清洁。图 6.4 所示为三峡库区中的垃圾打捞船。

图 6.4　三峡库区中的垃圾打捞船

6.1.2.4　污染大气

暴露于大气中的固体废物产生的粉尘和有毒有害气体会不断地向周围空间进行扩散和释放，固体废物在处理过程中也往往会生成一些有害气体。例如，我国不少地区的垃圾处置方式为填埋，尽管垃圾填埋采取了覆土隔绝的方式，但垃圾所散发出的恼人气味一直饱受诟病。填埋在地下的有机废物在分解过程中会产生二氧化碳、甲烷（填埋场气体）等气体，如果任其聚集，容易发生危险，可引发火灾，甚至发生爆炸。

有些垃圾是通过焚烧处理的，不合格的垃圾焚烧炉运行时会排出颗粒物、酸性气体、重金属以及有毒有机化合物等。更糟糕的是，很多垃圾是通过露天焚烧处理的，垃圾燃烧过程中释放的有害气体没有得到任何处理就直接排入大气，从而危害人体健康。2012年，浙江某村，有人在拆迁过程中随意焚烧垃圾，严重污染大气（见图6.5）。

图 6.5　2012年，浙江某村，有人在拆迁过程中随意焚烧垃圾，严重污染大气

6.1.2.5 影响环境卫生

当前我国城市生活垃圾的清运能力不足，无害化处理率较低。不少垃圾堆放在城市的死角，严重影响环境卫生，不仅破坏城市及景点的整体美感，而且会在一定程度上损害城市形象。

近年来，旅游景点的垃圾问题屡见报端，这些现象在节假日等旅游高峰期更为严重。泰山、黄山、鼓浪屿、天安门等著名景点都曾被报道过类似问题。乱丢垃圾既增加了环卫工作者的劳动量，也对当地的生态环境与景观造成了破坏。当然，景区管理部门也应为游客提供便利的垃圾投放设施。2012年中秋节过后，游客在海南三亚3千米海滩上一夜之间留下50吨垃圾（见图6.6）。

图6.6　2012年中秋节过后，游客在海南三亚3千米海滩上一夜之间留下50吨垃圾

6.2　危险废物

根据世界卫生组织（WHO）的定义，危险废物（hazard waste）是一种具有物理、化学或生物特性的废物，需要进行特殊的管理与处置，以免危害人体健康或产生其他损害环境的效应。与一般固体废物相比，危险废物大都具有易燃性、易爆性、化学毒性或生理毒性，能够直接对生物体构成伤害，因而危害更大。

6.2.1　危险废物的特性

简单地说，危险废物就是指对人体健康和生态环境具有潜在的或急性危害的废物。我国于2008年发布的《危险废物名录》中将危险废物分为48类，这些废物包括医疗废物、有机溶剂类、重金属类、燃料类、焚烧残渣、重金属物质等。危险废物主要有两个特点：①具有腐蚀性、毒性、易燃性、反应性或者感染性等一种或者几种危险特性的；②不排除具有危险特性，可能对环境或者人体健康造成有害影响，需要按照危险废物进行管理的。对于已判定的危险废物应按有关规定进行包装、标记和登记，给危险废物确定明显标志是其专门化管理的重要一环。

2009年，浙江某化学公司将100只废铁桶出售给安徽省陈某，由于废铁桶体积庞大，陈将100只废铁桶运到某村附近的一处空地进行拆解，而该空地离最近的村民住宅仅约10米（见图6.7）。废铁桶内残留的苯酚、四羟基苯硫酚、三溴苯胺等危险废物在拆解处理过程中挥发出来，导致当地约120名村民中毒入院。

图6.7　2009年，安徽某村发生严重的有毒化学品污染事件

6.2.2　电子垃圾

信息时代的到来，使电子工业迅猛发展，不可避免地产生了大量的电子废物。电子废物俗称"电子垃圾"，主要包括各种使用后废弃的电脑、手机、电视机、电冰箱、洗衣机等电子、电气产品。由于电子废物中常含有多种有害物质，因此被归类为危险废物。电子废物的成分很复杂，不少家电的制造材料中含有有毒化学物质，甚至一些材料含有剧毒成分。

电子废物被填埋时，其中的重金属会渗入土壤，进入河流和地下水，造成当地土壤和地下水的污染。当电子废物被焚烧时，其中的有机物在高温下会释放出大量有害气体，如剧毒的二噁英、呋喃、多氯联苯等致癌物质。遗弃后的空调和制冷设备中的氟利昂排放到大气将会破坏臭氧层，加重温室效应，增加人类皮肤癌的发生概率。多种电子产品材料中含有溴系阻燃剂和含氯塑料，如果处理不当（如露天焚烧）也会排放有毒有害物质。

家电壳体塑料对环境的污染也不容忽视。据估算，电脑和电视机中塑料的平均重量比例为23%~25%。这些塑料中聚氯乙烯（PVC）约占26%。PVC是严重污染环境和危害人体健康的塑料品种之一，由于PVC很难回收利用，因此一般采用焚烧的方法处置，但是PVC燃烧时产生的二噁英和呋喃具有极强的毒性和致癌性。

一台电脑有700多个元件，其中有一半元件含有汞、砷、铬等有毒化学物质，电视机、电冰箱、手机等电子产品也都含有铅、铬、汞等重金属。其中，铅会破坏人的神经、血液系统以及肾脏，影响幼儿大脑的发育；铬是人体必需的微量元素，但过量的铬会破坏人体的DNA，引发哮喘等疾病；在微生物的作用下，无机汞会转变为甲基汞，进入人体后会破坏脑神经系统，甚至会引起人的死亡。图6.8所示为工人正在清运电子废物。我国平均每小时产生的电子废物达4000吨。

图6.8 工人正在清运电子废物

6.2.3 医疗废物

医疗废物是指在病人进行诊断、治疗、护理等活动过程中产生的不能再利用的废物，包括生物性的和非生物性的，也包括医院的生活垃圾。医疗废物主要包括以下5类：①感染性废物，是指携带病原微生物且具有引发感染性疾病传播危险的医疗废物，包括被病人血液、体液、排泄物污染的物品，传染病患者产生的垃圾等；②病理性废物，是指在诊疗过程中产生的人体废物和医学试验动物尸体，包括手术中产生的以及病理切片后的废弃人体组织等；③损伤性废物，是指能够刺伤或割伤人体的废弃医用锐器，包括医用针、解剖刀、手术刀、玻璃器皿等；④药物性废物，是指过期、淘汰、变质或被污染的废弃药品，包括废弃的一般性药品、废弃的细胞毒性药物和遗传毒性药物等；⑤化学性废物，是指具有毒性、腐蚀性、易燃易爆性的废弃化学物品，如废弃的化学试剂、消毒剂、汞血压计、汞温度计等。

伴随着医药科学技术的不断发展，医疗废物的增长速度十分惊人。有关资料表明，我国医院每张床位平均每天产生1000克废弃物，一个中等城市每天的医疗废物为40～70吨。这些废物含有大量病原微生物和有害化学物质，甚至会有放射性和损伤性物质，具有很强的生物感染性，因此医疗废物是引起疾病传播或相关公共卫生问题的重要危险性因素，需要进行专业隔离和特殊的焚烧处理。但为了节约成本，不少地区将医疗垃圾与生活垃圾混在一起进行处置。在我国，每年都有大量医疗废物被非法丢弃，给公众健康留下极大隐患（见图6.9）。

6.2.4 放射性废物

放射性废物是指在生产、加工、使用过程中产生的不再需要的并具有放射性的物质。放射性废物的来源大致可分为四类：核燃料生产过程、反应堆运行过程、核燃料后处理过程以

图 6.9 在我国，每年都有大量医疗废物被非法丢弃，给公众健康留下极大隐患

及其他来源（包括核工业部门退役的核设施，核武器生产和试验以及其他使用放射性物质的部门如医院、学校、科研单位、工厂等产生的含有放射性物质的废物）。放射性废物的主要特征如下：

① 含有放射性物质，它们的放射性不能用一般的物理、化学和生物方法消除，只能靠放射性核素自身的衰变而减少；

② 射线危害，放射性核素释放出的射线穿过物质时发生电离和激发作用，对生物体会造成辐射损伤；

③ 热能释放，放射性核素通过衰变放出能量，当废液中放射性核素含量较高时，这种能量的释放会导致废液的温度不断上升甚至自行沸腾。

放射性废物对人体健康影响很大，对人体组织和器官有损伤作用，既可在人体之外造成外照射损伤，也可通过土壤或者水等媒介进入人体的内部，造成内照射损伤。人吸入大气中放射性微尘或误食含有放射性物质的水、水生生物、农作物，会诱发放射性疾病。2011年11月，德国丹嫩贝格居民抗议政府通过该地区运输放射性废物（见图6.10）。

放射性废物处理的基本方法包括稀释分散、浓缩储存以及回收利用。放射性废液浓缩后储存只是暂时性措施，存在不安全因素，必须将放射性废液或浓缩物转化成为稳定的固化体，才能安全地转运、储存和处置。放射性废物的处置包括对放射性排出物的控制处置（稀释处置）和废物的最终处置。控制处置指放射性排出物（液体、气体）向环境中稀释排放时必须控制在排放标准以下。放射性废物的最终处置意味着不再需要人工管理，不考虑将废物再回收的可能。总之，为防止放射性废物对自然环境和人类的危害，必须将其与生物圈很好地隔离。放射性废物必须密闭保存在特定的容器中，以达到长期保存而不会发生泄漏的目的（见图6.11）。

6.2.5 危险废物的越境转移

2014年2月，广州、大连、天津海关缉私局共出动500余名警力，一举摧毁了一个跨国、跨地区的特大走私团伙，是全国海关开展"绿篱"专项行动以来查获的最大一宗"洋垃

图 6.10　2011 年 11 月，德国丹嫩贝格居民抗议政府通过该地区运输放射性废物

图 6.11　保存放射性废物的特定密闭容器

圾"走私犯罪案件。该行动中共抓获犯罪嫌疑人 54 名，查扣涉案集装箱 185 个及电子垃圾散货 200 多吨。该走私团伙自 2013 年以来走私货柜及散货电子垃圾共计 72000 余吨。我国海关工作人员每年都会查扣大量入境的走私"洋垃圾"（见图 6.12）。

目前，有不少发达国家为了减轻本国危险废物处理的风险，减少处理成本，将在本国争议较大的危险废物出口到发展中国家。而发展中国家的一些不法分子，为了回收这些废物中有价值的原料（如贵金属），往往不惜牺牲本国人民的利益，偷偷进口这些废物，即所谓"洋垃圾"。

在 2005 年对 18 个欧洲港口进行的检查中，发现至少有 47% 的废料是非法出口的。仅仅在英国，每年就至少有数万吨没有申报或是由"灰色市场"而来的电子垃圾非法运往非洲、印度等地。而在美国，有 50%～80% 的电子垃圾以资源再利用的名义出口。

图 6.12 我国海关工作人员查扣入境的走私"洋垃圾"

6.3 固体废物的处理

固体废物的处理通常是指通过物理、化学、生物、物化及生化方法把固体废物转化为适于运输、储存、利用或处置的过程。固体废物处理的原则是无害化、减量化、资源化。无害化是指消除或者减弱固体废物的有害作用。减量化是指减少固体废物的质量或者体积,以减少其储存空间。资源化是指将固体废物作为一种资源进行再利用。三个准则中应最优先考虑无害化。

6.3.1 卫生填埋

卫生填埋是一种防止二次污染的填埋方法,由于填埋过程是一层垃圾一层土交替进行,又称夹层填埋法。从横断面看,垃圾和砂土交互掩埋,既可以防止垃圾的飞散和降雨时的流失,又可以防止蚊蝇的滋生以及火灾的发生,因而称为卫生填埋法。目前,卫生填埋是我国城市垃圾最主要的处理方法。

卫生填埋的优点是土地利用率高;蚊、蝇、鼠无法生存,能够避免疾病传播;填埋结束后土地仍可以再利用。该方法的缺点是需要占用大量土地,长途运输费用高,垃圾渗滤液可能危害地下水,并可能向周围散发臭气,需要长期实施监控和维护。卫生填埋场关闭后要进行严格管理,必须使其稳定之后(一般约 20 年)才可以将其作为运动场、公园等场地使用,但不宜作为人类长期活动的建筑用地。2010 年 9 月,香港牛池湾公园开放,该公园就建设在一处垃圾填埋场上(见图 6.13)。

6.3.2 焚烧

焚烧法是一种传统的废物处理方法,即通过焚烧废物中的有机物质,以缩减废物的体积。在使用焚烧法处理城市垃圾的过程中,可燃性固体废物与空气中的氧在高温下会发生氧化分解,能够达到减容、去除毒性并回收能源的目的。焚烧是废物减量化最有效的手段,它可以使废物减重 80% 以上,减容 90% 以上。它的优点还包括能较彻底地消灭各类细菌和病

图 6.13 我国香港牛池湾公园

原体,高温烟气所含有的热能可以回收利用。此外,焚烧设施占地面积小,环境污染小,可全天候操作,不受天气影响。

由于具有上述优点,焚烧技术受到各国的普遍重视。但由于建设焚烧厂的投资大、运营费用高,目前除少数发达国家外,垃圾焚烧法在大部分国家特别是发展中国家的应用尚不够普遍。近年来,由于我国土地资源日益短缺,寻找可供填埋场使用的土地越来越困难。因此,焚烧法在垃圾处理中所占的比重将越来越大。此外,随着焚烧烟气净化技术的改进,以及焚烧发电技术的发展,与填埋相比,焚烧厂的经营成本在相对降低。目前,越来越多的城市开始规划建设垃圾焚烧发电厂。但是,基于公众对焚烧可能产生有害废气的担忧,在垃圾焚烧发电厂选址时,应尽量选择远离居民区的位置。

上海江桥生活垃圾焚烧厂是我国最大的现代化生活垃圾焚烧厂之一,日处理垃圾1500吨。该焚烧厂于2006年建成投产,极大地缓解了上海市的垃圾处理问题(见图6.14),也延长了上海老港填埋场的使用期,节省了宝贵的土地资源。焚烧厂的烟气通过处理后,有害物的含量远低于《生活垃圾焚烧污染控制标准(GB 18485—2001)》所规定的限值。此外,该厂每年能发电1.8亿多度,其中1亿多度供应华东电网。

6.3.3 微生物处理

微生物处理是指依靠自然界广泛分布的微生物,通过生物转化,将废物中易于降解的有机组分转化为腐殖肥料、沼气或其他生物化学物质,从而达到废物无害化的一种处理方法。其中,垃圾堆肥是利用微生物处理方法使之无害化并将其转化为肥料资源的有效手段。

堆肥化是依靠自然界广泛分布的细菌、放线菌、真菌等微生物,在一定程度上控制并促进可被生物降解的有机物向稳定的腐殖质转化的生物化学过程。在堆肥过程中,微生物以有机物为养料,在分解有机物的同时放出热量使堆肥温度升高至50~60摄氏度,杀死垃圾中的病原体和寄生虫卵,并形成富含腐殖质的垃圾堆肥。

家庭厨余垃圾中含有丰富的有机质,如果将其堆制成有机肥,再使其回到土壤,是完成

图 6.14　2006 年建成投产的上海江桥生活垃圾焚烧厂

有机物质循环及垃圾减量化的最佳方法。堆肥原料还可以是草屑、树叶、木头片、锯末,甚至毛发、烂纸和破布等有机物。如果肥堆没有招来蚊虫,又能保持洁净,通气良好,不产生异味,那么堆肥就很成功,几个星期后,便可以得到有用的土壤改良剂。图 6.15 示出了典型的家庭垃圾堆肥装置。家庭堆肥是发达国家居民常用的一种废物处理方式。

图 6.15　典型的家庭垃圾堆肥装置

6.4　固体废物的资源化

事实上,"废物"是相对而言的,某一过程的废物可能成为另一过程的原料,一些废物现在利用不了并不代表其在未来仍是毫无用处，因此有人将固体废物称作"放错地点或者生不逢时的资源"。

长期以来，农作物收获后留下的秸秆，是农民们非常头疼的"废物"，除了少量用来烧火、喂养牲畜外，大部分未被利用，处理起来也费时费力。2013 年，国内首条秸秆全元素综合利用生产线在山东沂南正式投产。该生产线利用生物技术发酵和逆流萃取工艺，从农作物秸秆依次分离出造纸用纤维素、乙醇和有机肥等 3 种高附加值产品，利用率接近 100%。农作物秸秆能够作为工业原料，已被广泛应用于多个领域（见图 6.16）。

图 6.16　农作物秸秆可以作为工业原料

6.4.1　分类回收

混合垃圾容易发生交叉污染，使处理难度增大，而同一类垃圾成分单一，性质相近，容易处理。垃圾分类收集后有利于直接进行循环利用，因此越来越受到人们的重视。从国内外各城市对生活垃圾分类的方法来看，大都是根据垃圾的成分、产生量，并结合本地垃圾的资源利用和处理方式来进行分类。如在德国，一般分为纸、玻璃、金属、塑料等；在澳大利亚，一般分为可堆肥垃圾、可回收物和不可回收垃圾；在日本，一般分为可燃垃圾和不可燃垃圾。图 6.17 所示的固体废物的手工分拣是一项耗时费力的工作。

近年来，垃圾回收作为一个产业得到了迅速发展。在许多发达国家，回收产业在全国产业结构中占据着越来越重要的位置。在美国，垃圾分类已经得到充分的重视。政府为垃圾分类提供了各种便利的条件，除了在街道两旁设立分类垃圾桶以外，每个社区都定期派专人负责清运各户分好类的垃圾。居民对政府的垃圾分类工作也给予了极大的支持。

在我国，垃圾分类对大多数人来说还是一个很模糊的概念。我国城市中大部分垃圾箱只是简单地分为"可回收物"与"其他垃圾"这两类，而很多人无法区分这两类垃圾，扔错垃圾箱的现象很多。更严峻的事实是，我国不少地区并没有配置将两类垃圾分类处置的相关设施，有些分类垃圾箱无法真正发挥分类的作用，因为市容市政部门通常是将几类垃圾混放在一起收集和处理的。因此，要在我国真正实施垃圾的分类回收，政府需要尽快建立起完善、高效的垃圾分类回收体系。图 6.18 示出了日本高速服务区里的分类垃圾箱。日本对垃圾分

图 6.17 固体废物的手工分拣

图 6.18 日本高速服务区里的分类垃圾箱

类回收要求极其严格,回收系统十分完善。

6.4.2 避免无序回收

目前,我国的废物回收的主要特点是:①由于政府未建立合理的分类回收体系,废物回收基本都是个人行为,缺乏有效的监管;②对不同类型的废物回收效率差异巨大,利润较大的废物(如金属、塑料、纸张)回收率高,利润小的废物(如橡胶、玻璃)回收率较低;③废物的分拣和拆解多数是在小作坊进行,缺乏环保措施,极易造成二次污染;④非法回收导致偷窃等违法现象频发,金属材质的公共或私人物品(如市政井盖、电线电缆)频繁失窃;

⑤对危险废物（如医疗垃圾、电子废物等）的不合理回收再利用会给公众健康带来隐患。

在各类废物中，国家对危险废物的回收处置是有严格规定的。例如，《中华人民共和国固体废物污染环境防治法》规定禁止任何单位和个人转让、买卖医疗废物。但是，由于管理机制不健全，部分地区的医疗垃圾被大量非法回收，造成巨大隐患。某些带着大量病菌的医疗垃圾与塑料垃圾经过"黑作坊"的加工后居然变成了食品包装袋的原材料流向市场。这些再利用的医疗垃圾悄无声息地充斥于生活用品中，对人类健康构成严重威胁。

2013年7月，安徽泗县公安机关查获一起跨省非法转运、加工医疗废物的案件，当场查获包括医疗用针管等在内的废物近7吨。经查实，一名商人租用村民的房子作为临时作坊，从外地运来针管、皮条、盐水瓶等医疗垃圾，雇用村里的老人和妇女对垃圾进行分拣，有价值的运走，没有用的就扔在附近的河沟里，给工人的健康以及当地的环境造成了恶劣影响。如图6.19所示，我国环境监察人员正在定期检查医疗废物的处理情况。

图6.19　我国环境监察人员正在定期检查医疗废物的处理情况

在各类危险废物中，电子废物的无序回收问题最为严重。电子废物中所蕴含的金属，尤其是贵金属，其品位是天然矿藏的几十倍甚至几百倍，且回收成本一般低于开采自然矿床的成本。有研究显示，1吨随意搜集的电子板卡中，可以分离出143千克铜、0.5克黄金、40.8克铁、29.5克铅、2.0克锡、18.1克镍、10.0克锑。但是，多数的非法拆解都没有任何环保措施，工人也没有适当的防护措施，因此而造成的环境污染和人体伤害是巨大的。

浙江省某些乡镇原本是山清水秀，可是，无序的拆解电子废物使之变成了另外一副模样：看到的是随处堆放的破烂物，听到的是叮叮当当的敲打声，闻到的是刺鼻的恶臭味。当地作坊式的拆解不仅对环境污染严重，而且对工人也缺乏应用的保护。专家预测，以牺牲环境和居民健康为代价的拆解业，将慢慢吞下自己种下的苦果。图6.20所示的参与拆解电子废弃物的儿童会接触大量有害物质，影响身体健康。

图 6.20　参与拆解电子废弃物的儿童会接触大量有害物质

思 考 题

1. 你知道身边哪些物品是用再生材料做的吗？
2. 我们生活中哪些垃圾属于危险废物，有什么办法进行安全收集？
3. 你属于制造生活垃圾比较多的人吗，思考一下如何削减垃圾的产生。
4. 你如何看待用焚烧法处理生活垃圾，你所在的城市有垃圾焚烧厂吗？
5. 为什么我国有"洋垃圾"进入，产生这一问题的根源是什么？
6. 我们生活中垃圾分类做得怎么样，如何改善？

7 噪声污染

1959年,美国有10个人"自愿"参加噪声实验。当实验用飞机从10名实验者头上10~12米的空中飞过后,有6人当场死亡,4人数小时后死亡。验尸发现10人都死于噪声引起的脑出血。1981年,美国发生过一起骇人听闻的噪声污染事件。在一次现代派露天音乐会上,当震耳欲聋的音乐声响起后,有300多名听众突然失去知觉,昏迷不醒。图7.1所示为从居民区上空掠过的飞机。低空飞行的飞机会发出巨大的噪声,令人不堪其扰。

图7.1 从居民区上空掠过的飞机

噪声几乎无处不在。据统计,美国有8000万人受到噪声危害,约占其总人口的1/4;英国伦敦、利物浦等大城市有3/4的居民受到噪声的严重影响;即使在比较安静的瑞典斯德哥尔摩,也有70%市民受到噪声干扰。中国也是噪声污染比较严重的国家,全国有近2/3的城市居民在噪声超标的环境中生活和工作,对噪声污染的投诉约占环境污染投诉的40%。

追求安静,远离噪声,不仅是感官上的需要,更是一种对高层次的精神世界的追求。但现实中,噪声却几乎与我们如影相随,它不仅影响我们正常的工作、休息和学习,而且会对我们的身心健康造成严重影响。

7.1 噪声

7.1.1 噪声概述

从广义上来讲,凡是影响人们正常学习、工作和休息的声音,凡是人们在某些场合"不需要的声音",都属于噪声。噪声与个体所处的环境和主观感觉有很大关系。

2013年7月,一位中国大妈在纽约日落公园进行排练时被警方以"在公园内无故制造噪声"为由逮捕，引发国内对广场舞噪声扰民的大讨论。2013年11月16日，河北某中学的几十名高中生，在老师的带领下，到学校旁边的公园，交涉广场舞引发的噪声问题。学生们身着文化衫，上面印着："亲爱的爷爷奶奶，叔叔阿姨，唱歌小声点好吗？我们在上课。祝福您！感谢您！"（见图7.2）

图7.2　高中生抗议广场舞带来的噪声干扰

环境噪声污染，是指所产生的环境噪声超过国家规定的环境噪声排放标准，并干扰他人正常生活、工作和学习的现象。噪声污染不同于水污染、大气污染和垃圾污染，它是一种能量污染，一般并不致命，且与声源同时产生和消失。但由于噪声源分布很广，一般较难集中处理。由于受噪声危害的人数众多，导致的抱怨和投诉也往往最多。

据报道2013年7月25日至8月25日，武汉全市共接到市民有关噪声污染的投诉1663起，平均每天收到52起。2013年8月上中旬，上海市平均每天接到的有关噪声污染的投诉电话量也在30个左右。

7.1.2　噪声来源

7.1.2.1　交通噪声

各种各样的交通运输工具，例如轿车、卡车、火车、地铁、摩托车、电瓶车、飞机、轮船等，在启动、停止和行驶过程中会发出汽笛声、喇叭声、排气声、刹车声、摩擦声等各种噪声。近年来，随着我国城市规模的不断扩大与机动车保有量的持续增长，交通噪声已成为城市的主要噪声源。

有测量结果表明，车速为每小时50~100千米，在距离交通干线中心15米处，拖拉机的噪声为85~95分贝，重型卡车的为80~90分贝，中型或轻型卡车的为70~85分贝，摩托车的为75~85分贝，小客车的为65~75分贝。车速增加一倍，交通噪声平均增加7~9分贝。车型越重，速度越快，通常产生的噪声也越大（见图7.3）。

7.1.2.2　工业噪声

工业生产离不开各种机械和动力装置，这些装置在运行过程中，可以通过自身振动、周围空气振动和电磁力作用产生噪声，即机械性噪声、空气动力性噪声、电磁性噪声。工业噪

图7.3 车型越重,速度越快,通常产生的噪声也越大

声一般声级较高,噪声类型比较复杂,持续时间长,噪声源较为固定但又有多而分散,其周边有必要采取防护措施。

机械性噪声是由于机械的撞击、摩擦、固体的振动和转动而产生的噪声,如纺织机、球磨机、电锯、机床、碎石机启动时所发出的声音。空气动力性噪声是由于空气振动而产生的噪声,如通风机、空气压缩机、喷射器、汽笛、锅炉排气放空等产生的声音。电磁性噪声是由于电机中交变力相互作用而产生的噪声。如发电机、变压器等发出的声音。机器轰鸣的织布车间里,工人需要佩戴噪声防护耳罩(见图7.4)。

图7.4 机器轰鸣的织布车间里,工人需要佩戴噪声防护耳罩

7.1.2.3 生活噪声

在我们周围,各种公共活动、商业场所、家用电器等都会发出噪声。这些社会生活噪声非常普遍,由于涉及人员众多,执法对象难确定等原因,一直是环境管理中的难点。

7.1.2.4 建筑噪声

建筑工地经常使用打桩机、挖掘机、推土机、搅拌机、提升机等一些噪声级很高的机械,电钻、电锯等工具的使用也较为普遍。我国目前在建工程项目很多,工地噪声不容忽视,夜间施工噪声扰民现象也不断见诸报端。

图 7.5 示出了环境执法人员现场处理夜间建筑施工扰民问题。

图 7.5 环境执法人员现场处理夜间建筑施工扰民问题

7.1.3 噪声的度量

与噪声相关的物理量有频率、波长、声速和声压等。声源在 1 秒内振动的次数称为声音的频率;在声源振动 1 次的时间内,声波传播的距离称作波长;声音在 1 秒内传播的距离叫声速,常温下声速约为每秒 344 米;由于声波的存在而引起空气压强的变化值,称为声压。

人的听觉对声信号强弱刺激反应不是线性的,而是成对数比例的,即人耳对声音的接收近似正比于其强度的对数值,并不是单纯的声音强度增加几倍,我们的感受就增加几倍。因此,声学研究中经常采用声压级来度量声音。声压级的单位是分贝(dB),其数值的大小等于声压有效值与参考声压的商的对数的 20 倍,其中的参考声压是指正常人耳对 1000 赫兹的声音刚刚能够察觉到的最低声压值。

从健康学角度说,音量超过 40 分贝会妨碍睡眠;60 分贝会让人焦虑不安;80 分贝让人没有食欲,还会引发头痛;90 分贝以上则会导致血压上升,心跳加快;100 分贝接近可以忍受的极限;而音量超过 130 分贝(喷气式飞机引擎声),即使是短时间也会让耳朵疼痛,甚至感觉不到声音;150 分贝,会导致鼓膜破裂、内耳出血,内耳的神经细胞发生永久性损伤。

图 7.6 示出了日常生活中的声现象与分贝值。

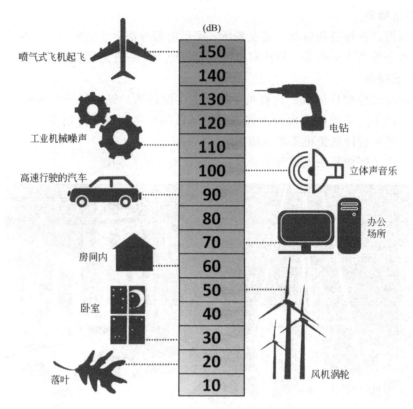

图 7.6　日常生活中的声现象与分贝值

7.2　噪声的危害

随着我国经济社会的持续发展，交通运输、城市建设与工业生产的规模日益增大，社会生活亦日益丰富，环境噪声污染现象也日益严重。当前，噪声污染已经成为我国环境社会的一大公害，有人称其为"致人死命的慢性毒药"。

7.2.1　噪声对听力的损伤

人的耳朵产生听觉的大致流程如下：声波通过耳郭的聚集，由外耳道传送到鼓膜并引起鼓膜的振动，鼓膜振动再通过听小骨的杠杆作用放大，传递到耳蜗相关部位，耳蜗将振动信号转换为神经信号，由听神经传递到大脑中的听觉中枢，产生听觉。

人若暴露在高强度噪声环境中，人的听觉感受性（主要是耳蜗的敏感度）会下降，以此来减弱高强度的刺激，保护听力。如果短时间内离开噪声环境，人的听力会逐渐恢复正常。例如生活中，当我们从飞机里下来或从锻压车间出来后，耳朵总是嗡嗡作响，甚至听不清对方说话的声音，过一会儿才会恢复。这种现象叫作听觉疲劳，是人体听觉器官对外界环境的一种保护性反应。

但是，如果持续待在高强度噪声环境中，或者当听觉疲劳尚未得到恢复就又进入高强度噪声环境，就会加速耳蜗由功能性、暂时性的改变发展到器质性、永久性的病变，出现难以恢复的听觉疲劳，甚至耳聋。噪声性耳聋属于神经性耳聋，早期症状为耳蜗血管痉挛，通过改善微循环可以治愈。如果耽误治疗时机，有可能导致永久性耳蜗损害。

当人体直接受到超过 140 分贝的噪声刺激时，可能会导致鼓膜破裂、听小骨骨折与异位、耳蜗与听神经的损伤，出现剧烈耳痛、耳鸣、头痛等不适反应，甚至瞬间耳聋。这种高强度的瞬时耳聋现象，除了会在战争、开矿等场景中出现外，在我们日常生活中也时有发生，值得警惕。例如，轮胎爆炸突然产生的"爆音"，会产生强大的冲击波，对人的耳膜和耳部神经造成强大的震动和刺激。武器发射时一般都会产生巨大的噪声，士兵准备发射武器时会尽量避免噪声伤害（见图7.7）。

图 7.7　士兵发射武器时会尽量避免噪声伤害

英国《泰晤士报》曾经报道，由于阿富汗战事多，爆炸声大，很多驻阿富汗的英军士兵患有耳鸣甚至永久性听力丧失。英国国防部为此已经遭到 1000 多名耳聋士兵的投诉。

职业性听力损伤导致的听力下降，不仅仅限于长期在噪声环境下工作的人群，学生、办公室白领等也逐渐成为发病群体。其中，长时间戴耳麦打网络游戏、打电话、在卡拉OK伴奏下演唱等活动，已经成为导致现代人听力损伤的重要因素。

7.2.2　噪声的其他危害

噪声是引发心血管疾病的危险因素。噪声可引起交感神经兴奋性增强，导致心跳加快、心律不齐和血压升高。噪声强度越大，血管收缩得越强烈。随着血管的收缩，周围血管阻力加大，舒张压增高，对心血管系统造成不良影响。对于心力衰竭患者来说，噪声的危害就更大，突然产生的噪声会使患者受到惊吓，引起心跳加快、血压升高、血管收缩、心排血量减少，从而导致心力衰竭加重。

噪声会加速心脏衰老，增加心肌梗死发病率。医学专家经人体和动物实验证明，长期接触噪声可使体内肾上腺分泌增加，从而导致血压升高。德国环境部对柏林一地区的 1700 名居民进行了一项调查，结果发现那些在夜间睡眠时周围环境噪声超过 55 分贝的居民，其患高血压的风险要比那些睡眠环境噪声在 50 分贝以下的居民高出一倍。噪声还会提高心脏病的发病率，例如，在平均 70 分贝的噪声中长期生活的人，其心肌梗死发病率增加 30% 左右。航空地勤人员长期处于高强度噪声工作环境中（见图 7.8）。

2005 年，研究人员为了探讨噪声对飞行员心血管的影响，对我国某地的飞行员进行了

图 7.8 某航空地勤人员

检测。其中,飞行员组的飞行时间在 800 小时以上,对照组为不接触噪声的地面工作人员。飞行员本是经过层层选拔的身体素质较好的人员,而且日常的健康保障也非常充分,但由于其长期处在噪声环境中,心血管发病率明显高于地面人员组(表 7.1)。

表 7.1 某地飞行员与地面人员心血管疾病发病率对比表　　　　单位:%

组别	高血压	异常心电图		
		窦性心率过缓	窦性心律不齐	心电图中 ST-T 改变
飞行员组	8.60	12.30	9.60	4.80
地面人员组	5.20	4.20	5.60	3.10

噪声会对人的视力产生不利影响,其原理是改变人眼对光亮的敏感度,即对光亮的感受感知程度。有实验表明:当噪声强度在 90 分贝时,视网膜中的视杆细胞区别光亮度的敏感性开始下降,识别弱光反应的时间也有所延长;当噪声在 95 分贝时,有 2/5 的人瞳孔放大;当噪声达到 115 分贝时,人眼对光亮度的适应性降低 20%。

此外,噪声还能影响视力清晰度的稳定性,还可使眼睛对物体的对称性平衡反应失灵,并且还会使色觉、视野发生异常。噪声在 70 分贝时,视力清晰度恢复到稳定状态时需要 20 分钟,而噪声在 85 分贝时,恢复时间至少需要一个多小时。调查发现,在接触稳态噪声的工人中,出现红、绿、白三色视野缩小者比例较普通对照人群高出许多。

7.2.3 噪声影响情绪

噪声影响人们的正常工作和休息,使人容易疲劳,注意力难以集中,使人神经系统功能紊乱,出现头晕、头痛、失眠、多梦、全身乏力、记忆力减退以及恐惧等症状,进而引发烦躁、激动、易怒、失去理智等不良情绪。处在噪声环境中的人很难有好心情(见图 7.9)。

2003 年 12 月,河北迁安市某镇农民万某因不堪忍受邻居"家庭工厂"的噪声干扰自缢身亡。据统计,日本东京的自杀事件中 35% 与噪声有关。欧洲的一些社会调查显示,噪声越高的地区,犯罪率越高。

图 7.9 处在高强度噪声环境中的人很难有好心情

7.2.4 噪声的敏感人群

强烈的噪声容易影响怀孕人群，往往使母体产生紧张反应，进而引起子宫血管收缩，这使得母体通过子宫血管向胎儿输送营养物质和氧气的过程减缓，影响胎儿的发育。强烈的噪声对胎儿最直接的危害就是可能对胎儿的听觉发育产生不良影响。

一般来说，怀孕16～19周，胎儿听力开始形成；至25周左右，胎儿的听力水平几乎与成人相当；至28周时，胎儿对声音刺激已有充分的反应能力。胎儿接受的噪声是通过母亲腹壁传播的，腹壁有反射作用，会将外面的声音降低大约20分贝，外面的大吼大叫传到胎宝宝那时，如同在说悄悄话。但如果孕妇长期处于强噪声环境中，母亲腹壁的保护功能就很有限了。尤其对于低频的声音，几乎没有削弱功能。此时相当于使胎儿的听觉系统直接与强噪声接触。

王女士是河南登封市一家陶瓷厂的员工，长期从事气流磨操作，工作车间内机器轰鸣，

图 7.10 伦敦某机场附近的小学每两分钟就被飞机起降的噪声干扰一次

破碎机、对辊等设备震动不息，噪声很大。2007年5月8日，王女士顺利产下一名男婴，可奇怪的是他迟迟不会说话。后经医院检查得知，孩子患有"先天性、极重度耳聋"。医生怀疑，是因为怀孕期间的噪声环境导致了这一悲剧。

此外，长期受噪声影响会使孕妇内分泌腺体的功能紊乱，引起子宫强烈收缩，可能导致流产、早产。在噪声环境下，新生儿的体重往往偏轻。而胎儿内耳如果长期受到高强噪声刺激，会使脑的部分区域受损，严重时可能影响大脑的发育。有研究表明，长期处在噪声的环境下，宝宝将来的性格可能会比较暴躁。

2005年一篇发表在《柳叶刀》上的报告指出，在大型机场附近上学的儿童，由于长期暴露在飞机噪声下，智力发育特别是阅读能力比在安静环境中的低20%。

伦敦某机场附近的小学每两分钟就被飞机起降的噪声干扰一次（见图7.10）。

7.3 噪声的防护

治理噪声污染应认真贯彻"预防为主、防治结合"的方针，综合利用科技、法律等手段来改善声环境。

7.3.1 噪声管理

7.3.1.1 规章制度建设

为防治环境噪声污染，保护和改善生活环境，保障人体健康，促进经济和社会发展，我国制定了《环境噪声污染防治法》，统一规定了各个管理部门的分工负责体制，也对防治各种噪声污染做了专项规定。

同时，我国也根据《环境噪声污染防治法》的要求，结合我国实际情况，制定了环境噪声质量标准和环境噪声排放标准。这些标准包括《声环境质量标准》（GB 3096—2008），《机场周围飞机噪声环境标准》（GB 9660—1988），《工业企业厂界环境噪声排放标准》（GB 12348—2008），《建筑施工场界环境噪声排放标准》（GB 12523—2011）等，为噪声评价及执法工作提供了明确的指导与规范。表7.2给出了环境噪声限值。

表 7.2 环境噪声限值（GB 3096—2008）　　　　　　　　　　单位：分贝

类别		昼间	夜间
0类		50	40
1类		55	45
2类		60	50
3类		65	55
4类	4a类	70	55
	4b类	70	60

注：0类标准适用于疗养区、高级别墅区、高级宾馆区；
1类标准适用于以居住、文教机关为主的区域；
2类标准适用于居住、商业、工业混杂区；
3类标准适用于工业区；
4a类标准适用于高速公路、一级公路、二级公路、城市快速路、城市主干路、城市次干路、城市轨道交通（地面段）、内河航道两侧区域；
4b类标准适用于铁路干线两侧区域；
各类声环境功能区夜间突发噪声，其最大声级超过环境噪声限值的幅度不得高于15分贝。

7.3.1.2 合理规划与管理控制

首先,要制定合理的区域环境规划划分每个区域的社会功能,加强土地使用和城市规划中的环境管理,规划建设专用工业园区,组织并帮助高噪声工厂企业实施区域集中整治,对居住生活地区建立必要的防噪声隔离带或采取成片绿化等措施,缩小工业噪声的影响范围。为了减少交通噪声污染,应加强城市绿化,必要时,在道路两旁设置噪声屏障。城市道路两侧的绿化带具有削弱交通噪声的作用(见图7.11)。

图 7.11 城市道路两侧的绿化带

第二,有计划有组织地调整、搬迁噪声污染扰民严重而就地改造又有困难的中小企业,严格执行有关噪声环境影响评价和"三同时"(建设项目中防治污染的措施,必须与主体工程同时设计、同时施工、同时投产使用)项目的审批制度,以避免产生新的噪声污染。

第三,积极推行现场实时监测,对工业企业进行必要的污染跟踪监测监督,以便及时有效地采取防治措施,并建立噪声污染申报登记管理制度。例如使用噪声实时监测器,绘制并发布噪声地图等就是对区域噪声状况进行了解、预测与防治的有效方法。

天津市环境保护局门前安装了一面噪声自动监测数据发布屏,它利用安装在附近的监测仪器将采集到的噪声数据传送到电脑后,及时向公众发布实时噪声数据(见图7.12)。当噪声低于70分贝时,数字显示为绿色,表示符合标准;而当噪声大于等于70分贝时,数字显示红色,表示超过标准。

噪声地图是将噪声源的数据、地理数据、建筑的分布状况、道路状况、公路、铁路和机场等信息综合、分析和计算后生成的反映城市噪声水平状况的数据地图,有利于公众深入了解声环境状况,参与监督。在噪声地图上,不同的颜色代表不同的声压级。人们只要登录噪声地图网站并输入邮编,就可以知道相关街道上噪声的大小。图7.13示出了英国爱丁堡的噪声地图。

7.3.1.3 建立健全群众投诉举报制度

在完善各类控制技术的同时,也应建立群众监督举报制度,强化民主法治的监督约束机制,从而调动群众维护自身利益和参与环保活动的积极性。居民们应该积极维护自己的合法

图 7.12　安装在天津市环境保护局门前的噪声实时显示器

图 7.13　英国爱丁堡的噪声地图

权益，而相关部门接到投诉和举报后，应该及时地依法处理，做到民呼有应。图 7.14 给出了我国投诉举报较多的几种噪声。

2013 年 8 月 16 日 23 时许，重庆石桥铺派出所接到群众报警，称石桥铺地区某餐馆深夜装修，吵得楼上居民无法睡觉。民警在找到正在装修的餐馆后发现，其叮叮当当的敲凿声和尖锐的电钻声，在深夜显得十分刺耳。民警当即对施工工人进行劝止，并进行思想教育，该负责人立即收工，并表示今后不会再有类似深夜噪声扰民事件的发生。

7.3.2　噪声控制和防护

充分的噪声控制，必须考虑噪声源、传播途径、受音者所组成的整个系统。控制噪声的措施可以针对上述三个部分或其中任何一个部分。

图 7.14 我国投诉举报较多的几种噪声（从左至右依次为工厂、大排档、施工、商业活动）

7.3.2.1 控制噪声源

降低声源噪声，工业、交通运输业可以选用低噪声的生产设备和改进生产工艺，或者改变噪声源的运动方式（如用阻尼、隔振等措施降低固体发声体的振动）。

（1）对机械噪声的控制　应避免运动部件的冲击和碰撞，降低撞击部件之间的撞击力和速度，提高旋转运动部件的平衡精度，提高运动部件的加工精度和光洁程度，增加弹性材料，较少固体传声，改变振动部件的质量和刚度，防止共振等。

（2）对气流噪声的控制　应选择合适的设计参数，减少气流脉动，降低气流速度，减少压力突变，降低高压气体排放压力和速度，安装合适的消声器。

（3）对电磁噪声的控制　在转子沟槽中填充环氧树脂材料，降低震动。增加定子的刚性，提高电源稳定度，提高制造和装配精度。

7.3.2.2 阻断噪声传播途径

在传播途径上降低噪声，控制噪声的传播，改变声源已经发出的噪声传播途径，如采用吸声、隔声、声屏障、隔振等措施，以及合理规划城市和建筑布局等。

吸声材料表面具有丰富的细孔，其内部松软多孔，孔和孔之间互相连通，并深入到材料的内层。当声波入射到物体表面时，部分入射声能被其表面吸收而转化成其他能量，达到吸声降噪的目的。常用的吸声材料有纤维型、泡沫型和颗粒型。

对于空气传声的场合，可以在噪声传播途径中，利用墙体、各种板材及其构件将接受者分隔开来，使噪声在空气中传播受阻，这种设施通称为隔声构件。常用的隔声构件有各类隔声墙、隔声罩、隔声控制室及隔声屏障等。道路两侧的隔声墙能有效地降低噪声强度（见图 7.15）。

7.3.2.3 在人耳处减弱噪声

受音者或受音器官的噪声防护，即在声源和传播途径无法采取措施，或采取的声学措施仍不能达到预期效果时，就需要对受音者或受音器官采取防护措施，如长期职业性噪声暴露的工人佩戴耳塞、耳罩或头盔等护耳器。耳罩或耳塞是抵御噪声的最后一道防线（见图 7.16）。

实际上，在许多场合，采取个人防护是最有效、最经济的办法。但是个人防护措施在实际使用中也存在问题，如听不到报警信号，容易出事故。因此立法机构规定，只能在没有其他办法可使用时，才能把个人防护作为最后的手段暂时使用。

我们在日常生活中，应该尽量远离噪声源，迫不得已时要采取一定的保护措施。当个人合法权益因噪声污染受到侵犯时，应该积极维权，勇于投诉和举报。同时应该规范自身行为，为营造舒适美好的声环境共同努力。

图 7.15　道路两侧的隔声墙能有效地降低噪声强度

图 7.16　在强噪声工作环境下的工人需要佩戴耳罩加以防护

思 考 题

1. 你在生活中是否经常遭遇噪声的困扰，是如何应对的？
2. 噪声对听力的损伤有暂时性损伤和永久性损伤，二者有何区别？
3. 噪声对听力以外的其他健康危害有哪些？
4. 你如何看待"广场舞"扰民问题，有何解决之道？
5. 你自己在生活中是否经常制造噪声，如何减轻噪声对别人的干扰？
6. 汽车鸣笛是一个重要的交通噪声来源，如何解决这一问题？

8 隐形污染

2011年3月11日,日本福岛县两座核电站反应堆发生故障,大量含有放射性物质的污水被排入大海,使得周边海域海水辐射水平明显上升。负责调查切尔诺贝利核事故的俄科学家亚布罗科夫博士指出,因福岛核电站使用的燃料比切尔诺贝利核电站多,且有反应堆使用的燃料含有高毒性的钚,因此福岛核电站事故导致的后果可能会比切尔诺贝利核电站更严重。工作人员检查从福岛第二核电站附近撤离的民众是否遭受辐射影响(见图8.1)。

图8.1 工作人员检查从福岛第二核电站附近撤离的民众是否遭受辐射影响

科技是一把双刃剑,在给人们带来便利的同时,也带来了诸多令人头痛的问题。当我们在享受手机、微波炉、电磁炉带来的便利时,可曾注意到随之而来的电磁辐射?当我们使用先进的X光机、CT机诊断疾病时,是否考虑过放射线对我们的伤害?当我们满足于建造出一座座金光闪闪的高楼大厦时,是否想到闪烁的光芒也在刺伤着我们的眼睛?

8.1 电磁辐射污染

近年来,越来越多的电子、电气设备使得各种频率、不同能量的电磁波充斥着地球的每一个角落乃至更加广阔的宇宙空间。人体作为良性导体,不可避免地受到电磁波的影响。

8.1.1 电磁辐射的产生

电场和磁场的交互变化产生电磁波,电磁波向空中发射或泄漏的现象,叫电磁辐射。电磁辐射已被世界卫生组织(WHO)列为生态环境中的第四大污染源。它看不见,摸不着,却广泛存在于我们的生活中。电磁辐射既会危害生物体,也会对通信系统产生电磁干扰。人类生存的地球本身就是一个大磁场,它表面的热辐射和雷电都可产生电磁辐射,太阳及其他星球也在外层空间源源不断地产生电磁辐射。围绕在人类身边的家用电器和通信设备等都会发出强度不同的电磁辐射。因此,一般可将影响人类生活的电磁辐射分为天然辐射和人工辐射两种。

8.1.1.1　天然辐射

天然的电磁辐射来自于地球热辐射、太阳热辐射、宇宙射线、闪电等。这种电磁污染除对人体健康、财产安全产生直接危害外,还会在广大范围内产生严重的电磁干扰,尤其对短波通信的干扰最严重。

天然辐射源可分为三类:大气与空气污染辐射源,即自然界的火花放电、雷电、火山喷烟等;太阳电磁场源,即太阳的黑子活动与黑体放射等;宇宙电磁场源,如超新星爆发和流星雨等。闪电发出的电磁波对飞机的导航系统产生极大干扰(见图8.2)。

图8.2　闪电中飞行的飞机

每年春分和秋分前后,太阳会运行于地球赤道上空。由于通信卫星大多绕地球赤道运行,在这期间,如果太阳、通信卫星和地面卫星接收天线恰好在一条直线上,太阳强大的电磁辐射会对卫星下行信号造成强烈的干扰,这种现象称为日凌。日凌严重时会造成卫星信号传输障碍,使地球上的卫星接收系统在接收到卫星信号时也接收到大量太阳辐射的杂波,无法识别有用信号,造成信号质量下降,甚至中断。

8.1.1.2　人工辐射

人工电磁辐射产生于人工制造的电子设备与电气装置。主要来源包括电脑、电视、音响、微波炉、电冰箱等家用电器,手机、传真机、通信站等通信设备,电视发射台、手机发射基站、雷达系统等无线应用设备,以及高压输电线路、变电站等大功率输电设施。图8.3示出了射频辐射源中的雷达和通信基站。

人工电磁辐射按照频率的不同可分为工频场源和射频场源。工频场源是指低频的电力设

图 8.3 射频辐射源中的雷达(左)和通信基站(右)

备和输电线路所激发的电磁场,如电气设备、大功率输电线等。射频场源是指当交流电的频率达到 105 赫兹以上时形成的高频率电磁场,如通信基站、雷达、高频加热设备、微波干燥机等。

8.1.2 电磁辐射的危害

电磁辐射危害人体的机理主要是热效应、非热效应和累积效应。

热效应表现为人体吸收过多的辐射能后,无法通过调节体温来散发热量,从而引起体温升高,继而引发心悸、头胀、失眠、心动过缓、视力下降等症状。由于电磁波是穿透生物表层直接对内部组织"加热",往往机体表面看不出什么,而内部组织却可能已严重"烧伤"。

非热效应主要是指低频电磁波产生的影响,即人体被电磁辐射照射后,体温并不会明显升高,但会干扰体内固有的微弱电磁场,使血液、淋巴液和细胞原生质发生改变,影响人体的循环、免疫、生殖和代谢功能等,可导致胎儿畸形或孕妇自然流产。

如果在电磁辐射对人体的伤害尚未完成自我修复之前,再次受到电磁辐射危害的话,其伤害程度就会发生累积,久之会导致永久性病变,甚至危及生命,这就是电磁辐射的累积效应。电磁辐射能够诱发癌症并加速人体的癌细胞增殖,影响人的生殖系统,可导致儿童智力残缺,影响人们的心血管系统,对人们的视觉系统亦有不良影响。此外,电磁辐射还极可能是导致儿童患白血病的原因之一。

8.1.3 电磁辐射的强度

有些从事 IT 行业的女白领一旦出现流产、不孕等情况,就将问题归咎为电脑等电子设备发出的电磁辐射。随着生活中电脑、手机、微波炉等电器越来越普及,许多孕妇流产、早产、怪胎、死胎的报道也屡见报端,这些问题是否与日益增多的电磁辐射存在必然的联系?

2013 年 11 月,网上流传着一份家用电器的辐射排行榜,其中平板电脑高居榜首,甚至有媒体报道其辐射超标20倍以上。为验证此说法的真伪，北京市环境质量监测中心的实验人员分别对榜单中的设备进行电磁辐射的检测。结果表明，平板电脑（射频辐射）辐射强度为4.8伏特每米（V/m），电吹风（工频辐射）为319伏特每米，手机（射频辐射）为8.5伏特每米。根据国际非电离辐射防护委员会（ICNIRP）的规定，工频辐射的最高限值为5000伏特每米，射频辐射的最高限值为39～61伏特每米。因此，这些家用电器的辐射强度均符合安全标准。

图8.4所示为工作人员分别测量电吹风（工频辐射）和平板电脑（射频辐射）的辐射强度。

图8.4　工作人员分别测量电吹风（工频辐射）
和平板电脑（射频辐射）的辐射强度

可见，手机、平板电脑的电磁辐射被夸大了，正规产品的辐射强度均未超过安全标准。电吹风等小电器的电磁辐射也是非常微弱的。至于微波炉，经权威部门检测，其辐射值仅为国家标准的1/8～1/4，不会对人体构成威胁。但为保险起见，在使用微波炉时，有必要保持一定距离以确保安全。

广大手机使用者多数存在这样的矛盾心理：一方面手机持有者希望移动通信基站越多越好，以保证强大的信号；而另一方面，又担心基站的电磁辐射影响健康，甚至设法阻止通信部门建设基站。

2011年，吉林省辐射环境监督站在中国移动、中国联通和中国电信三家通信公司的配合下，分别对长春市某移动通信基站的机房、机房隔壁、基站楼下、附近居民楼、独立塔周围环境进行了测试。经过检测发现，这些地方的电磁辐射值仅为国家安全标准的十几分之一甚至几十分之一，因此认为这些区域的电磁环境是安全的。

图8.5所示为工作人员正在对通信基站的机房进行电磁辐射检测。

对于一般的电子和电气产品如电视、电脑、手机等，其产生的电磁辐射都符合国家安全标准（假冒伪劣产品除外），如果正确使用不会对人体造成伤害。然而，对于某些大功率、高频率、产生高强度电磁波的设备（如无线电发射装置、雷达等），在接触或使用时，需要按照相关规定，采取适当的防护措施，并尽量保持安全距离。

近年来，电磁炉作为一种方便的加热电器进入了很多家庭的厨房，很多火锅店也使用电磁炉作为加热装置。电磁炉直接利用电磁波对锅具进行加热，因此很多人对它的安全性也存在忧虑。电磁炉上方的锅具屏蔽了一定数量的辐射，而左右两侧是电磁炉散热器的位置，密封性相对较差，屏蔽效果也相应减弱，有一部分电磁辐射会向外泄漏，并可能危害人体健

图 8.5　工作人员正在对通信基站的机房进行电磁辐射检测

康。用于加热小火锅的电磁炉距离腹部较近，敏感群体（如孕妇）须谨慎使用（见图 8.6）。

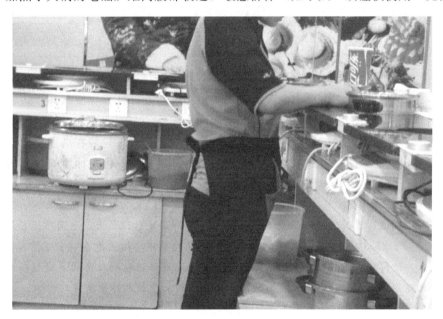

图 8.6　用于加热小火锅的电磁炉距离腹部较近，敏感群体（如孕妇）须谨慎使用

2001 年，世界卫生组织下属的国际癌症研究机构将低频磁场定为可疑致癌因子。电磁炉所释放的电磁波属于低频电磁波，长期暴露于低频电磁场中的人，患白血病、恶性肿瘤、孕妇胎儿畸形、耳鸣等疾病的概率是普通人群的数倍。但是随着距离的增大，电磁辐射强度迅速衰减，在 40 厘米处已经符合安全标准。因此，在使用电磁炉时，有必要保持一定的安全距离。

8.1.4 避免电磁辐射的方法

据传,使用电脑后,脸上会吸附不少电磁辐射的颗粒,因此要及时清洗,这样将使所受辐射减轻70%以上;在电脑旁摆一盆仙人掌(或仙人球),也可以吸收辐射。然而,事实并非如此。电脑的电磁辐射主要来源于电脑里的各种电路,并不会产生含有电磁辐射的小颗粒,因此没有必要对脸部进行专门的清洗,仙人掌(或仙人球)也不会吸收辐射。仙人球等绿色植物对消除电脑所产生的辐射没有任何效果(见图8.7)。

图8.7 仙人球等绿色植物对消除电脑所产生的辐射没有任何效果

随着一些商家对电磁辐射危害的大力渲染,很多怀孕女性选择穿戴具有"防辐射"功能的服装或用具。防辐射服的制作原理是将金属丝配合织物一起织成布料,做成衣服。金属网可以起到吸收、屏蔽电磁波的作用,金属网织得越密效果越好。一般在高强度电磁辐射环境中工作的人员,需要穿防辐射服以减轻电磁辐射对身体的伤害。但是面对如今市场上卖得火热的孕妇防辐射装备,人们不禁会问,日常电磁辐射会对孕妇产生不利影响吗,孕妇有必要穿防辐射服(图8.8)吗?

2013年10月12日,北京地区联合辟谣网络平台辟谣之后仅7天,全国防辐射服孕妇装的成交量反而增长了21.3%。这是因为人们在不了解情况的时候,往往抱着"宁可信其有,不可信其无"的态度,使得防护服越卖越火。实际上,目前并没有证据表明日常的电磁辐射会导致孕妇流产率、胎儿畸形率的提高,也未发现日常的电磁辐射对新生儿的体重有任何影响。

当然,在特殊电磁辐射环境下,人们仍有必要采取适当的预防措施。例如,在对雷达等大功率发射设备进行调整和试验时,或处于广播、电视发射台附近时,就应当采取相应的电磁辐射防护措施,确保安全。因此,有必要掌握一些预防电磁辐射的基本知识。

电磁辐射防护的基本原则有主动防护与被动防护。主动防护是指在泄漏和辐射源方面采取的防护措施,主要着眼于减少设备的电磁漏场和电磁漏能,使泄漏到空间的电磁场强度和功率密度降低到最低程度。被动防护是指在作业人员层面(包括其工作环境)所采取的防护措施,主要着眼于增加电磁波在介质中传播时的衰减量,使其到达人体时的辐射强度降低到安全标准以下。

图 8.8 防辐射服是用特殊材料制成的（英文：防辐射织物）

预防或减少电磁辐射的伤害，其根本出发点是消除或减弱人体所在位置的电磁场强度，其主要措施如下。

（1）屏蔽保护 使用某种能抑制电磁辐射扩散的材料，将电磁场源与周围环境隔离开来，使电磁辐射被限制在某一范围内，达到防止电磁污染的目的。屏蔽装置一般是金属材料制成的封闭壳体，主要利用屏蔽材料对电磁波进行反射与吸收。

（2）距离防护 适当地加大辐射源与人体之间的距离，可较大幅度地降低电磁辐射强度，降低人体受电磁辐射的影响。在条件允许的情况下，这是一种最简单有效的防护方法。

对一个 110 千伏的变电站输电高压线而言，其保护区域是线外 10 米范围内。换言之，只要在距离电线 10 米之外，人体基本不会受到电磁辐射的威胁。对于 220 千伏和 500 千伏的输变线路，其保护区域分别是 15 米和 20 米。

图 8.9 所示的高压供电设施会产生强烈的电磁辐射，有必要与其保持安全的距离。

图 8.9 高压供电设施

(3) 吸收防护　利用对某种辐射能量具有强烈吸收作用的材料来降低辐射能量,此技术多用在微波设备的调试上。吸收防护是减少微波辐射危害的有效措施。

(4) 个体防护　在高频辐射环境中的作业人员需要注意电磁辐射防护,以保证身体健康。常用的防护用品有防护眼镜、防辐射服和防护头盔等。这些防护用品一般用金属丝布、金属膜布和金属网等制作。

8.2　放射性污染

放射性元素的原子核在衰变过程中释放出 α、β、γ、X 等射线的性能,称为放射性。几种主要射线穿透力的大小依次为 γ＞X＞β＞α。由放射性物质所造成的污染,叫放射性污染。如果人在短时间内受到大剂量的 X 射线、γ 射线或中子射线的全身照射,就会产生急性损伤。轻者有脱毛、感染等症状;重者出现腹泻、呕吐等肠胃损伤;在极高剂量的照射下,会发生中枢神经损伤直至死亡。

第二次世界大战后,随着原子能工业的发展,核试验频繁,核能和放射性同位素的应用日益增多,使得放射性物质大量增加,环境中的射线强度也随之增强,危及生物的生存。放射性污染很难消除,射线强度只能随时间的推移而减弱。

8.2.1　放射源

8.2.1.1　天然放射源

天然放射源是自然界中天然存在的辐射源,人类从诞生起就一直生活在这种天然的辐射之中,并已经适应了这种辐射。天然辐射源所产生的总辐射水平称为天然放射性本底,它是判断环境是否受到放射性污染的基准。

天然放射源主要来自于:①地球上的天然放射源,主要有铀（^{235}U）、钍（^{232}Th）、钾（^{40}K）、碳（^{14}C）、氚（^{3}H）等;②宇宙间高能粒子构成的宇宙线,以及在这些粒子进入大气层后与大气中的氧、氮原子核碰撞产生的次级宇宙线。

如图 8.10 所示,美国科学家发射火箭进入雷暴区,有意触引闪电。首次通过相机拍摄到 X 射线的存在,并记录到较高能量的 γ 射线。

8.2.1.2　人工放射源

20 世纪 40 年代,核军事工业逐渐建立和发展起来,50 年代后核能逐渐被应用到动力工业中。近十几年来随着科学技术的发展,放射性物质被更广泛地应用于各行各业和人们的日常生活中,因而构成了放射性污染的人工污染源。人工污染源主要包括以下几个方面。

(1) 核武器试验的沉降物　核弹爆炸瞬间,产生大量炽热的蒸汽和气体,携带着弹壳、碎片、地面垃圾和放射性烟云。上述物质与空气混合后,辐射能逐渐损失,温度随之降低,使得气态物凝聚成微粒或附着在其他的尘粒上,最后沉降到地面。

图 8.11 所示为 1946 年 7 月,美国比基尼岛原子弹爆炸所产生的巨大蘑菇云。

(2) 原子能工业　原子能工业中核燃料的提炼、精制和核燃料元件的制造过程,都会排放带有放射性的固体废物、废水和废气。当原子能工厂（包括核电站）发生意外事故时,其污染是相当严重的。

(3) 医疗照射　医疗照射是人类接受人工辐射照射的主要来源。实际上,人类所遭受的人工照射中有大约 90% 的剂量是来自医疗照射。接受一次胸部 X 射线透视所受的有效剂量

图 8.10　美国科学家通过触引雷暴区的闪电探测到 X 射线和 γ 射线

图 8.11　1946 年 7 月，美国比基尼岛原子弹爆炸所产生的巨大蘑菇云

平均为 1.1mSv（毫希沃特），接受一次全身 CT（计算机断层扫描）的有效剂量甚至可达 8mSv。这些医疗照射的强度远远大于平均的天然本底照射，但如果不过度使用，对人类的健康一般不会构成可察觉的有害影响。

(4) 其他放射源　一类是工业、医疗、军事或研究用的放射源，因运输事故、遗失、偷窃、误用、废物处理等失去控制而泄漏到环境中；另一类是一般居民消费用品，包括含有天然或人工放射性核素的产品，如放射性发光表盘、夜光表等，它们的辐射剂量较小，对环境造成的危害很低，不会对人类健康构成危害。

8.2.2　放射性污染对人体的危害

放射性污染会引起放射病，这是一种全身性疾病，有急性和慢性两种。急性放射病是因人体在短期内受到大剂量放射线照射而引起，如核武器爆炸、核电站泄漏等意外事故，可导致神经系统症状（如头痛、头晕、步态不稳等）、消化系统症状（如呕吐、食欲减退等）、骨髓造血抑制、血细胞明显下降、广泛性出血和感染等，严重患者多数会死亡。慢性放射病是因人体长期受到多次小剂量放射线照射而引起，有头晕、头痛、乏力、关节疼痛、记忆力减退、失眠、食欲不振、脱发和白细胞减少等症状，甚至有致癌和影响后代的危险。

α射线、β射线、γ射线、X射线、质子和中子流等属于电离辐射，可以使人体内水分子形成自由基和活化分子，然后破坏生物大分子。除此之外，还有可能破坏细胞染色体或DNA和RNA，并导致非正常细胞的出现。非正常细胞如果是体细胞则表现为躯体效应，如果为生殖细胞则表现为遗传效应，二者统称为辐射效应。

X光检查作为一种常见的医学诊断手段在国内临床上得到广泛的应用，不少疾病诊断都离不开它。X射线能够穿透人体细胞，破坏DNA。若接触的X射线剂量过多，超过容许量，就可产生放射反应，甚至会产生一定程度的放射损害。所以受检者拍X光片时应穿上铅制的防护装备，以最大限度减少射线对重要腺体和脏器的伤害（见图8.12）。

图8.12　做X光检查的人穿戴铅制头套和臀围等防护服

据报道，一次胸透的放射线量相当于拍10次X光片，而一次CT胸部扫描相当于拍400次胸部X光片，检查的次数越多，范围越大，患者接受的放射剂量越多。但是，我国使用X射线胸透的频率非常高，在不少地方，已成为每年入学体检、升学体检、从业体检以及单位健康体检中的必查项目。

8.3 光污染

近年来,"让城市亮起来"成为一句非常时尚的口号。但是,在灯火通明的城市中,美丽夜景之下,光污染一直被人们所忽视。所谓光污染是指过量的光辐射对人类生活和生产环境形成不良影响的现象,分为可见光污染、红外光污染和紫外光污染。光污染既影响自然环境,又会给人类正常生活、工作、休息和娱乐带来不利影响,削弱人们观察物体的能力,引起人体不舒适感并损害人体健康。

南京市的紫金山天文台曾被誉为"中国现代天文学摇篮",在大气条件好的时候,紫金山上曾经可以观测到亮度为十几等(亮度很弱)的暗星。而现在由于城市光污染以及大气污染,紫金山上已经无法进行前沿的天文观测了,只得"改行"变成天文博物馆。美国的帕罗玛山天文台(Palomar Observatory)由于附近城市光污染的加剧,其观测效果也已日渐削弱。图8.13所示为美国帕罗玛山天文台附近的光污染逐年增强。

图 8.13　美国帕罗玛山天文台附近的光污染(图中箭头所指区域的光污染较强烈)

8.3.1 可见光污染

8.3.1.1 眩光污染

眩光是一种不良的照明现象,当光源的亮度极高或是背景与视野中心的亮度差较大时,就会产生眩光。例如,电焊时产生的强光,在无防护情况下会对人的眼睛造成伤害;夜间汽车头灯的亮光会使人视物极度不清,容易引发事故;长期工作在强光条件下,视觉会受到损害;此外,车站、机场、控制室过多闪烁的信号灯以及在舞厅中为渲染气氛而快速切换屏幕画面和闪烁的舞台灯,也属于眩光污染。汽车耀眼的头灯常导致对面的行人及司机看不清路况(见图 8.14)从而引发交通事故。

随着电子屏幕的广泛应用,如今城市中以 LED(发光二极管)显示屏为载体的大型户

图 8.14 汽车耀眼的头灯常导致对面的行人及司机看不清路况

内外广告已经非常普遍。高亮度、大功率的 LED 固然能够带来震撼的视觉冲击力，但光鲜亮丽的视觉效果却掩盖不了光污染的事实。LED 广告屏"屏幕太亮、闪烁频率高、画面切换太快"成了市民投诉的主要内容。2013 年 7 月，面对近几年 LED 广告屏"遍地开花"的现状，上海市发布了强制性地方标准《公共场所发光二极管（LED）显示屏最大可视亮度限值和测量方法（DB 31/708—2013）》，该标准针对户外 LED 显示屏和室内 LED 显示屏，分别根据使用区域、显示屏面积、屏幕周边环境照度以及画面切换频率等，规定了相应的限值要求和测量方法，体现了实用性和可操作性。该标准的制定实施，将为上海地区 LED 显示屏的安装调试提供科学依据，以保护公众免受光污染侵害。

街头大屏幕亮度强，闪烁频率高，对车辆和行人的通行安全造成威胁（见图 8.15）。

8.3.1.2 灯光污染

城市建设者往往以城市夜间的明亮和光彩夺目作为城市现代化的标志。然而，过亮的城市灯光会造成一些不利影响。首先，过亮的夜空会影响天文观测。据统计，在夜晚天空不受光污染影响的情况下，可以看到约 7000 颗星星；而在路灯、背景灯、景观灯照射中的大城市里，只能看到 20~60 颗星星。其次，耀眼的路灯或建筑工地安装的聚光灯由于设计安装不合理，再加上控制不当，不仅会影响车辆通行，还会影响附近居民休息。

灯光强度、分布等的不合理设计很容易引发灯光污染。因此相关设计必须符合功能的要求，即根据不同的空间、场合、对象选择不同的照明方式和灯具，并保证恰当的照度。

不合理的路灯设计和过度照明容易造成视觉疲劳，引发交通事故（见图 8.16）。最好的灯光设计只照射需要照明的位置，避免产生光污染（见图 8.17）。

8.3.1.3 其他可见光污染

目前很多城市建筑都热衷于大面积使用玻璃材料。很多现代的商店、写字楼、大厦等的外墙全部是用玻璃或反光玻璃装饰的。在阳光或强烈的灯光照射下，这些玻璃幕墙所发出的

图 8.15 街头闪烁的大屏幕

图 8.16 不合理的路灯设计和过度照明（左下角的小图为灯光改造后的路面情况，刺眼的灯光被消除，夜间道路变得清晰）

反射光会扰乱驾驶员或行人的视觉，成为交通事故的隐患。大厦外层包裹的玻璃幕墙在阳光或强烈灯光照射下会产生刺眼的反射光（见图 8.18）。

8.3.2 红外光污染

近年来，红外线在军事、科研、工业、卫生等方面的应用日益广泛，红外光的污染问题

图 8.17　路灯的设计从左至右依次为：非常差、差、较好、最好

图 8.18　大厦外层包裹的玻璃幕墙在阳光或强烈灯光照射下产生刺眼的反射光

也随之而来。红外光是一种波长在 760 纳米至 1 毫米之间的不可见光线。红外线可通过其热辐射效应直接对皮肤造成不良影响，使皮肤温度升高，毛细血管扩张、充血，增加表皮水分蒸发。其症状与烫伤相似，最初是灼痛，然后是烧伤，其主要表现为红色丘疹、皮肤过早衰老和色素紊乱。

大功率加热灯的长时间照射会灼伤皮肤和眼睛（图 8.19）。在室温较低时，很多人会在洗澡时开启浴霸（一种红外线灯）取暖。在洗浴时如果眼睛长时间盯着浴霸，浴霸强烈的红外光可能会灼伤视网膜，甚至导致失明。浴霸的加热波段主要为红外线，人眼直视时，高强度的可见光和红外线可以穿透眼球，进入视网膜并造成损害。

8.3.3　紫外光污染

紫外光是电磁波谱中波长从 10 纳米到 400 纳米的辐射的总称。紫外光对人具有伤害作

图 8.19 大功率加热灯的长时间照射
会灼伤皮肤和眼睛

用,主要表现为对皮肤和角膜的损伤。如果裸露的肌肤被高强度的紫外线照射,轻者会出现红肿、疼痒、脱屑等症状;重者会引发癌变、皮肤肿瘤等。此外,也是眼睛的"隐形杀手",会引起结膜、角膜发炎,长期照射可能会导致白内障。

到达地球的紫外线通常分为近紫外线(UVA)和中紫外线(UVB)。UVA 的波长为 315~400 纳米,可穿透云层、玻璃进入室内及车内,也可穿透皮肤的真皮层,造成皮肤变黑、老化、出现皱纹甚至诱发皮肤癌。UVB 的波长为 280~315 纳米,大部分已被平流层的臭氧所吸收,只有不足 2% 能到达地球表面。但是,这部分紫外线在夏季和晴天的午后特别强烈,容易晒伤人的皮肤,严重者还会起水泡或脱皮(类似烧烫伤症状)。

2008 年 7 月,南昌市某学校的老师误把紫外线消毒灯当成照明灯,上课后,孩子们陆续出现了眼睛红肿、流泪、视物模糊等症状,甚至脸和脖子等暴露部位的肤色明显变黑,并出现炎症。值得庆幸的是,由于紫外灯照射时间相对较短,孩子们的身体受伤害程度较轻,否则后果不堪设想。高强度的紫外线对人体有直接伤害,因此在使用紫外灯消毒时,人必须离开。

紫外线是令皮肤衰老的罪魁祸首,长期照射还容易诱发皮肤癌。在炎热的夏季,可以选择使用遮阳伞来避免紫外线伤害。在选择遮阳伞时,应尽量选择涤纶面料的,这种材料能够较好地阻挡紫外线。在同等条件下,颜色越深的织物抗紫外线性能越好。尽量选用 UPF(紫外线防护系数值)大于 30 的遮阳伞,注意其 UVA 透过率应小于 5%。

抵御太阳紫外线辐射伤害的另一个方法是涂抹防晒霜。防晒霜防晒作用的基本原理是利用能够阻隔或吸收紫外线的防晒剂使皮肤与紫外线隔离开来。选购防晒霜时要注意两个指标,一个是防晒系数(sun protection factor,SPF),尽量选取 SPF 值为 30 以上的产品;另一个指标是 UVA 防御强度(protection of UVA,PA),尽量选取 PA++ 以上产品。

思 考 题

1. 列举你身边可能存在的电磁辐射源和放射性污染源。
2. 长期使用手机会诱发疾病吗?
3. 距离无线通信基站太近是否对人体健康有危害,其安全距离是多少?
4. 经常使用电脑或手机的孕妇是否有必要穿防辐射服?
5. 你是否经常接受 X 光、CT 等医学检查,其危害是什么?
6. 你经常受到光污染的困扰吗,有什么解决办法?

9 新型污染物

微博认证为"原美国夏威夷大学环保专家董良杰"的网友发文称:"中国是避孕药消费第一大国,不仅人吃,且发明了水产养殖等新用途。目前已经发现饮水中存在雌激素干扰物,23个主要水源都有,长三角最高。此类物质是持久性污染物,一般水处理技术去不掉;人体积累,后果难料。"此条微博一出,立即在网上被疯传,并引发了公众对自来水安全性的担忧(图 9.1)。"环保专家"董良杰被刑拘。事实上,这是他为推销自己的净水器而杜撰的假新闻。

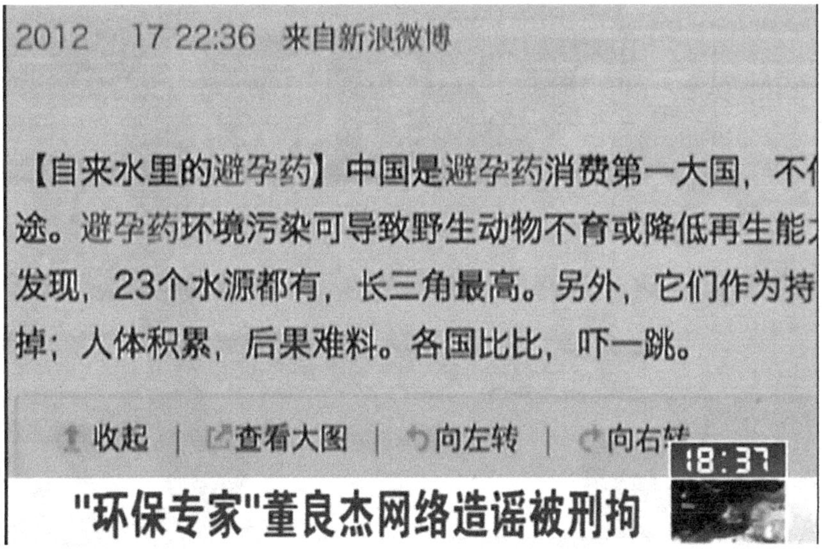

图 9.1 "自来水中含有避孕药"的传言引发恐慌

其实,所谓"避孕药"的说法实属噱头,准确的说法应该是在水中可能检测出雌激素干扰物成分,而雌激素干扰物并不能等同于避孕药。所谓的雌激素干扰物,属于环境内分泌干扰物(EDCs)中的一类,EDCs 若在生物体内累积,会干扰和损坏生殖系统、免疫系统和神经系统的正常功能。但是,这并不意味着如果水源中存在这种物质,这种物质在自来水中的含量就一定会超标,喝这样的自来水就一定有害。

近年来,在媒体报道的污染物中,出现了越来越多的新物质,为了将其与传统的污染物相区别,特将此类物质界定为新型污染物(emerging contaminants,简称 ECs)。美国环境保护署(EPA)对新型污染物作出了如下定义:新型污染物是指那些已经被注意到的、对人体健康或环境存在潜在或现实威胁的、尚未对其制定健康标准的化学品或其他物质。这类污染物在环境中存在或者已经使用多年,但一直没有相应法律法规予以监管。当发现其具有潜在有害效应时,它们已经以不同途径进入各种环境介质中,如土壤、水体、大气。

由于许多新型污染物具有很高的稳定性,在环境中往往难以降解并易于在生态系统中富集,因而在全球范围内普遍存在,对生态系统中包括人类在内的各类生物均具有潜在的危害。新型污染物的环境污染和生态毒性效应已成为当代人类所面临的重要环境问题之一。目前，人们关注较多的新型污染物主要有全氟化合物、药物及个人护理品、饮用水消毒副产物、溴化阻燃剂、双酚 A、人造纳米材料等。

9.1 全氟化合物

2012 年，某国际非政府组织发布测试报告称，Adidas, The North Face, Jack Wolf Skin 等 14 个国际知名品牌服装所采用的材料含有毒物质——全氟化合物（PFCs），此类化学物质可能导致生育率下降以及其他免疫系统疾病。报告显示，在随机抽取的 14 件雨衣及雨裤中，均发现了全氟化合物。这些全氟化合物很难在自然环境中降解，有可能通过食物、空气和水进入人体。图 9.2 所示为"绿色和平组织"成员抗议某品牌服装含有全氟化合物。

图 9.2 "绿色和平组织"成员抗议某品牌服装含有全氟化合物

9.1.1 认识全氟化合物

全氟化合物（PFCs）是指化合物分子中与碳原子连接的氢原子全部被氟原子所取代的一类有机化合物，主要有全氟烷基羧酸类、全氟烷基磺酸类、全氟烷基磺酰胺类及全氟调聚醇类等。全氟化合物被广泛应用于防水剂、防油剂、防尘剂和防脂剂（如纺织品、皮革、纸张、毛料地毯）及表面活性制剂（如灭火器泡沫和涂料添加剂）等诸多工业和生活用品中。全氟化合物常被应用于户外服装的生产，以提高衣物的防水和抗污性能。

PFCs 性质稳定，在大气、水体、土壤等介质中均难以降解，易于在颗粒物和沉积物中吸附以及在生物体中累积并在环境中进行长距离迁移。PFCs 已在各种环境介质（如大气、水体）和生物体（如鱼类、鸟类及人体）中检出。PFCs 能够通过消化系统和呼吸系统进入人体。动物实验表明 PFCs 具有肝毒性、胚胎毒性、生殖毒性、神经毒性和致癌性等，能干扰内分泌，改变动物的本能行为，对人类特别是幼儿可能具有潜在的发育神经毒性。

9.1.2 环境中的PFCs

目前，全氟辛烷磺酸（PFOS）和全氟辛酸（PFOA）是环境中较常检测到的两种全氟化合物，尤以水体中较易检出。水体中的PFCs来源于工业生产的直接排放、大气沉降以及排放到水体中前体物质的转化。全球部分地区不同水体中PFOS和PFOA浓度见表9.1。根据目前的数据来看，其总体水平一般在ng/L（纳克/升），工业发达城市或地区的江河流域与沿岸海域的PFOS和PFOA均高于开放海域水体。

表 9.1 全球部分地区不同水体中 PFOS 和 PFOA 浓度　　单位：ng/L

水体	地区	PFOS	PFOA
河流、湖泊	沈阳地区地下（表）水	ND～2.83	ND～5.71
	松花江水系不同江段江水	0.06～8.04	0.02～2.68
	长江入海口处	20.46	46.88
	黄浦江段		58～1594.83
	北京2个湖水样	0.001～0.0019	0.0009～0.001
	日本142个地表水	0.3157～157	0.14～19
饮用水	北京、上海、沈阳、大连等城市自来水	0.4～1.62	
海域	日本16个海岸水样品	0.2～25.5	
	韩国沿海	0.24～320	0.04～730
	中国香港沿海	0.73～5.5	0.09～3.1
	南中国海	0.24～16	0.02～12
	西太平洋	0.0086～0.073	0.100～0.439
	太平洋中东部至东部表层水	0.0011～0.078	0.015～0.142

目前，在哺乳动物、鱼类、鸟类以及人体内均曾检测出PFOS和PFOA。PFOS是动物体内主要的PFCs污染物，含量要远远超过PFOA，说明PFOS要比PFOA具有更强的生物蓄积和生物放大能力。此外，食物链中处于高营养级的生物体内PFOS的含量明显高于低营养级生物，食肉类动物体内PFOS的含量高于非食肉类动物。表9.2给出了部分地区哺乳动物、鱼类和鸟类体内PFOS和PFOA含量。

表 9.2 部分地区哺乳动物、鱼类和鸟类体内 PFOS 和 PFOA 含量（湿重）　　单位：ng/g

地区	样品	PFOS	PFOA
中国	鲫鱼肉	0.58～9.04	
	猪肝	0.094～11.30	0.034～1.790
	猪肾	ND～0.718	ND～4.979
	猪心	ND～0.136	ND～0.642
	鸡肝	ND～0.288	ND～0.061
	鸡心	ND～0.273	ND～0.031
	鸡	ND～0.137	ND～0.035

续表

地区	样品	PFOS	PFOA
德国	鲢鱼肉	7~250	ND
	河虾虎鱼肉	70~400	ND
美国	21种食鱼鸟类血液	3~34(ng/mL)	
	2种幼年龟血浆	11.0~39.4(ng/mL)	3.20~3.57(ng/mL)
南北极	海豹肝脏	25.5~95.6	
	北极熊肝脏	6729~2730	

注：ND 为不能检出（not detected）。

9.1.3 PFCs 的危害

研究表明，PFOS 对两栖动物和哺乳动物的生殖系统和神经系统表现出多种毒性效应，对职业性长期暴露人群存在潜在致癌效应。PFOA 能够诱发啮齿类动物能量代谢紊乱、诱导过氧化物酶过度增殖、产生肾脏毒性等，还可对免疫系统产生抑制作用，干扰线粒体代谢，导致肝细胞损伤。动物实验表明，PFCs 的长期暴露可能导致动物的乳腺、睾丸、胰和肝发生癌变。

环境中的 PFCs 主要通过呼吸和饮食进入人体，随后与蛋白发生键合存在于血液中，并在肝脏、肾脏、肌肉等组织中累积，呈现出明显的生物累积性。鉴于 PFCs 的危害性，一些国际组织已提出了限制使用 PFOS、PFOA 的导则。美国环保署（EPA）已将 PFOA 列为人类可能致癌物，2007 年 1 月，在 EPA 的倡导下，包括杜邦在内的 8 家美国公司与 EPA 签订了 PFOA 减排协议，同意分阶段停止使用 PFOA，并于 2015 年前在所有产品中全面禁用 PFOA。瑞典政府也已在 2007 年全面禁止进口含 PFOS 或可降解为 PFOS 的产品。目前，我国还没有制定环境中 PFCs 的检测标准以及生产企业的排放限量标准。图 9.3 所示为已承诺停用 PFCs 的知名服装品牌及其停用期限。

图 9.3 已承诺停用 PFCs 的知名服装品牌及其停用期限

9.2 药物及个人护理品

"每次去倒垃圾，我都为家里过期药品如何处理而烦恼！"家住厦门前埔南区的周先生向记者诉苦。周先生每次带孩子去看病，都会带回家一些药品。有时孩子病好得快，药品就剩下了。他听说西药多是化学物品，乱扔会污染环境，可又没有正规单位回收，看着家里一大堆药品，不知如何处置，伤透脑筋。全球每年都有大量多余的或过期的药品被随意丢弃（见图9.4）。

图 9.4 全球每年都有大量多余的或过期的药品被随意丢弃

在环境健康科学中，为方便研究，学者们将药物及个人护理品（pharmaceuticals and personal care products，简称PPCPs）划分为一类新型污染物。研究表明，药物和个人护理品在水体中有一定的残留，其危害还有待证实。具体而言，药品和个人护理品都有各自的来源和归宿，对环境和人体健康的影响也各不相同。

多数药品过期后会失去应有的药效，有的还会产生毒副产物。因此，过期药品如果处置不当，将对环境造成污染。例如，2000年，在德国首次发现有些河流和地下水等饮用水源有被消炎药、抗癫痫药及降脂药污染的迹象。研究人员对美国的139条河流取样化验也发现，80%的河流中存在抗生素和雌激素等药品的残留物。

除了药物，个人护理品（包括皮肤和头发清洁用品、护理品、化妆品等）也由于各种原因不断排入环境，它们往往含有多种化合物，尽管浓度不大，但是其危害性难以预料，其环境风险已经引起广泛关注。

9.2.1 环境中的PPCPs

随着医药及洗涤化学品行业的大规模发展，PPCPs的生产和使用量迅猛增长，导致它们在水、土壤和大气环境中的残留量不断增加，并逐渐显现出对动物、植物以及微生物的生态毒性。但直到20世纪90年代末，它们才被作为一大类环境污染物而受到广泛关注。表9.3列出了环境中常见的PPCPs。

人类或动物服用的药物直接或间接地排入环境是PPCPs最主要的污染来源，这些药物主要有消炎止痛药、抗生素、抗菌药、降血脂药、β-阻滞剂、激素、类固醇、抗癌药、镇静剂、抗癫痫药、利尿剂、X射线显影剂、咖啡因等。近几十年来，不断有研究证实药物可以通过多种途径进入环境中，可能会对生物群落产生不良的生态效应。然而，通常人们关心的

表 9.3　环境中常见的 PPCPs

名称		CAS 编号	分子式	用途
加乐麝香	Galaxolide	1222-05-5	$C_{18}H_{26}O$	合成麝香
吐纳麝香	Tonalide	21145-77-7	$C_{18}H_{26}O$	合成麝香
碘普罗胺	Iopromide	73334-07-3	$C_{18}H_{24}I_3N_3O_8$	X射线显影剂
罗红霉素	Roxithromycin	80214-83-1	$C_{41}H_{76}N_2O_{15}$	抗生素
环丙沙星	Ciprofloxacin	85721-33-1	$C_{17}H_{18}FN_3O_3$	抗生素
诺氟沙星	Norfloxacin	70458-96-7	$C_{16}H_{18}O_3N_3F$	抗生素
雌激素酮	Estrone	53-16-7	$C_{18}H_{22}O_2$	天然雌激素
17β-雌二醇	17β-estradiol	50-28-2	$C_{18}H_{24}O_2 \cdot 0.5H_2O$	天然雌激素
17α-乙炔基雌二醇	17α-ethinylestradiol	57-63-6	$C_{20}H_{24}O_2$	合成雌激素
布洛芬	Ibuprofen	15687-27-1	$C_{13}H_{18}O_2$	消炎止痛药
萘普生	Naproxen	22204-53-1	$C_{14}H_{14}O_3$	消炎止痛药
双氯芬酸	Diclofenac	15307-86-5	$C_{14}H_{13}O_2N$	消炎止痛药
三氯生	Triclosan	3380-34-5	$C_{12}H_7Cl_3O_2$	杀菌消毒剂

只是药物的治疗效果,而很少考虑它们排出体外后将会对环境产生何种影响。事实上,人体或动物摄入体内的药物并不能被完全吸收和利用,未代谢或未溶解的药物成分将通过粪便和尿液等形式排出并进入环境。药物进入环境的途径:一部分是通过人体或动物排泄,另一部分是直接丢弃(见图9.5)。

图 9.5　药物进入环境的途径:一部分通过人体或动物排泄,另一部分直接丢弃

尽管多数污水或废水都会进入污水处理系统,但其中含有的药物大多较难被微生物降解。一个原因是它们残留浓度很低,很难与酶发生亲和反应;另一个原因是微生物在短时间内很难适应新的药物。因此,一般经过处理的污水仍会残留较多药物成分,它们会再次进入

水环境。此外，残留在污泥（污水处理副产物）中的药物一部分会通过污泥农用（作为肥料或土壤改良剂）进入食物链。

畜禽和水产养殖业是将药物引入环境的一个重要源头。各种动物的饲养对药物的需求量巨大，尤其是在大型的集中型饲养场，药物的使用种类和剂量都很大。在美国，宠物也会使用大量的药物（例如镇静剂和抗抑郁药）。这些家养动物使用的药物（包括兽药和非处方药）与人类使用的药物可以通过同样的途径在环境中分散和残留。图 9.6 所示为药物回收箱。

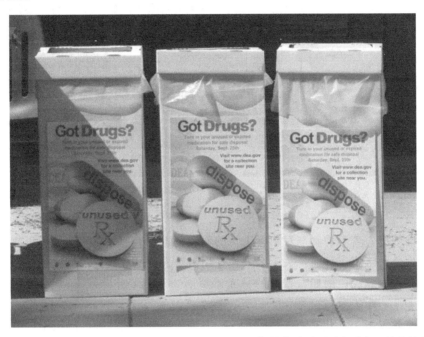

图 9.6　药物回收箱（英文：有多余的药品吗？不用的、过期的药品不要随意丢弃，请交给我们处理）

个人护理用品是指直接在人体上使用的化学品（不包括食品），主要包括香料、化妆品、遮光剂、染发剂、发胶、香皂、洗发水等。与药物相比，个人护理用品直接进入环境的量更大。值得注意的是，一部分个人护理品可能不经过污水处理系统而直接进入环境。例如，人类在户外地表水体中的活动（如沐浴、游泳、洗涤等）会使一部分个人护理用品直接进入水体，使它们绕过了污水处理系统的降解过程。图 9.7 所示为让 PPCPs 远离水体。美国宾夕法尼亚州海洋基金（PASG）宣传不要向水体中丢弃 PPCPs。

9.2.2　PPCPs 的危害

环境中大量的 PPCPs 对生态系统和人体健康可能的危害主要表现为：污染水体，引起水体和底泥中的微生物、藻类、无脊椎动物、鱼类及两栖类动物的慢性中毒；污染土壤与食物，直接或间接地对人类产生"三致"效应、导致肠道菌群失调等。由于食物链和食物网的富集和放大作用，进入环境的 PPCPs 可能以更大的浓度进入人体，从而对人体健康造成较大危害。

药物是针对人和动物特定的代谢途径和分子通路发挥活性作用而被设计出来的，在其发挥药效的同时，也会对人和动物产生一定的副作用。对于某种药物，环境中的非靶标生物若具有与靶标生物相同的作用器官、组织、细胞或活性分子，药物制剂进入环境后就会对这些

图 9.7 让 PPCPs 远离水体 [美国宾夕法尼亚州海洋基金 (PASG) 宣传不要向水体中丢弃 PPCPs]

生物产生毒性效应；若药物制剂对靶标生物的作用靶点与其他生物不同，则可能通过其他途径对生物产生负面效应。目前，关于个人护理用品对人类健康效应的研究还很少，但它们潜在的生态危害不容忽视。例如，普通的日光遮蔽剂 2-苯基苯并咪唑-5-磺酸和 2-苯基苯并咪唑可以影响 DNA 断裂。

以合成雌激素 17α-乙炔基雌二醇（EE2）为例，该激素是一种广泛用于口服避孕药的持久性生物相似物。近来的研究发现，暴露于较低浓度的 EE2 即能诱发鱼类的雌激素效应，改变正常鱼类的表型发育，降低生殖成功率。地表水中 EE2、雌二醇以及其他具有雌激素效应的物质越来越多地被检出，这些化合物在低剂量长期暴露下或许不会使生物产生明显毒害症状，但可能会产生某些潜在的不易察觉的毒害效应。图 9.8 所示为在芝加哥北岸运河捕

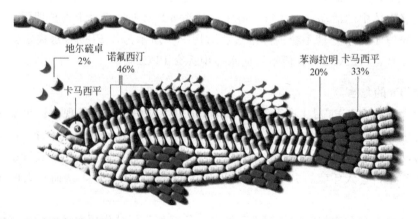

图 9.8 在芝加哥北岸运河（North Shore Channel）捕获的鱼体内药物的含量示意图
（注：这些药片表示四种常用药物在鱼体内富集的相对含量；地尔硫卓为抗高血压药，诺氟西汀为抗抑郁药，苯海拉明为抗过敏药，卡马西平为抗癫痫药）

获的鱼体内药物的含量示意图。

9.3 溴化阻燃剂

近年来,"绿色和平组织"与个人电脑的业界巨头惠普公司展开了多次交锋,争论的焦点是溴化阻燃剂(BFRs)和聚氯乙烯等有毒物质的使用问题。自2005年起,"绿色和平组织"就指责惠普生产的部分电脑使用溴化阻燃剂,而惠普公司虽承认使用溴化阻燃剂四溴双酚 A(TBBPA),但对其是否有毒一直闪烁其词,并拒绝对停用这种物质给出承诺。图 9.9 所示为"绿色和平组织"成员抗议惠普公司在产品中使用溴化阻燃剂。

图 9.9 "绿色和平组织"成员抗议惠普公司在产品中使用溴化阻燃剂
[他们将惠普的标识 HP 说成是英文 Harmful Products(有害产品)的缩写]

9.3.1 认识溴化阻燃剂

阻燃剂是对高分子材料(包括塑料、橡胶、纤维、木材、纸张和涂料等)进行加工时用到的重要助剂之一,它可以使材料具有难燃性、自熄性和消烟性,从而提高产品的防火安全性能。

目前市场上有 175 种不同的阻燃剂,大致可以分为 4 类:无机阻燃剂、卤系阻燃剂、有机磷系阻燃剂(卤-磷系、磷-氮系)和氮系阻燃剂。含氯、溴的卤系阻燃剂是唯一用于合成材料阻燃的阻燃材料,特别是用于塑料阻燃,其中溴化阻燃剂由于阻燃效果更好,价格低廉,因此其应用范围比氯系阻燃剂更广。近年来,溴化阻燃剂在全球范围内的用量增长迅速,年均增长率超过 3%。溴化阻燃剂中使用最多的是多溴二苯醚(PBDEs)、四溴双酚 A(TBBPA)和六溴环十二烷(HBCD)等,前两者的产量约占溴化阻燃剂的一半。

PBDEs 广泛应用于电器线路板、建筑材料、泡沫、室内装潢、家具、汽车内层、装饰织物纤维等产品中。PBDEs 是一种添加型阻燃物质,在通电加热后容易从电子元件中挥发出来,这可能是其进入环境的主要方式。此外,在制造、循环再造或处理废旧家具和电器等产品以及火灾过程中 PBDEs 也会大量释放到环境中。目前，几乎在所有环境介质和包括人类在内的许多生物体中均已检测出 PBDEs。图 9.10 所示为海绵中含有溴化阻燃剂，有较好的阻燃效果。

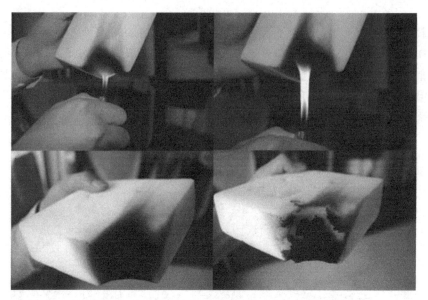

图 9.10　海绵中含有溴化阻燃剂，有较好的阻燃效果

9.3.2　溴化阻燃剂的危害

PBDEs 脂溶性很高，化学性质稳定，可以随着食物链富集和放大，使处于食物链顶端的生物受到毒害，最终威胁到人类。PBDEs 具有半挥发性，可长距离迁移，是一类较晚列入持久性有机污染物（POPs）的物质。PBDEs 对环境和人体健康的危害日益受到广泛的关注，但由于其优良的特性以及缺乏有效的溴化阻燃剂代用品，PBDEs 在世界范围内，尤其是发展中国家仍在大量生产和使用。

溴化阻燃剂本身毒性一般较小（半致死浓度大于 5000 毫克每千克），但是燃烧时会产生较多的烟雾、腐蚀性和有毒气体，主要包括卤化氢、一氧化碳、二氧化硫、二氧化氮、氨气和氰化氢等。据统计，火灾死亡事故中，有 80% 左右是由有毒气体和烟雾导致的窒息造成的。为了使溴化阻燃剂获得更好的阻燃性，需要将其与氧化锑并用，这样会使基材的生烟量更高，这也是欧洲阻燃专家提出禁用 PBDEs 的主要理由之一。

当前，对于烟雾及毒气问题，阻燃专家比较一致的看法是从抑烟和减毒方面着手。一是在阻燃配方中加入消烟剂，如钼、铜、铁化合物，使用超细氧化锑和胶体五氧化二锑，以硼酸锌代替三氧化二锑等。二是消除溴化阻燃剂燃烧时产生的大量腐蚀性溴化氢和有毒气体，如考虑溴化阻燃剂与氢氧化镁的协同以及磷-卤协同。同时含有磷及溴的磷-卤协同阻燃剂（如某些溴代磷酸酯）是目前有机阻燃剂的研究热点。很多电子产品都离不开溴化阻燃剂，图 9.11 所示为"绿色和平组织"成员在三星公司抗议其未能遵守使用无害阻燃剂的承诺。

然而，寻找溴化阻燃剂的替代品并不是一句话那么简单，企业要在生产工艺、程序管理等各方面进行考虑，并作出相应的调整和改变。全国阻燃学会会长周政懋指出，由于溴化阻燃剂在阻燃领域的历史地位，在很多应用领域，还很难找到合适的替代品，所以目前还很难舍弃溴化阻燃剂。

图 9.11 "绿色和平组织"成员在三星公司抗议其未能遵守使用无害阻燃剂的承诺

9.4 双酚 A

美国斯坦福大学的科学家对 114 名孕妇的流产史、受孕情况进行了研究,并分析了参试孕妇血液中双酚 A (bisphenol A, BPA) 含量与流产率的关系,发现血液中双酚 A 水平较高的孕妇发生流产的危险比正常孕妇高 80%。该研究负责人指出,包装食品是人体摄入双酚 A 的一个重要来源,因为食品包装涂料和罐装食品内壁涂层中含有双酚 A,这些材料在加热后会加快双酚 A 的析出。孕妇是对双酚 A 暴露的敏感人群,长期使用含有双酚 A 的容器可能增大其流产的风险(图 9.12)。

9.4.1 生活中的双酚 A

双酚 A 是世界上使用最广泛的工业化合物之一,主要用于生产聚碳酸酯、环氧树脂、聚砜树脂、聚苯醚树脂、不饱和聚酯树脂等多种高分子材料;也可用于生产增塑剂、阻燃剂、抗氧剂、热稳定剂、橡胶防老剂、农药、涂料等精细化工产品。在塑料制品的制造过程中,添加双酚 A 可以使其具有无色透明、耐用、轻巧和优异的抗冲击性等特性,尤其是能防止酸性蔬菜和水果从内部腐蚀金属容器,因而被广泛应用于罐头食品和饮料的包装、奶瓶、水瓶、牙齿填充物所用的密封胶、眼镜片以及其他数百种日用品的制造中。双酚 A 不仅存在于奶瓶中,生活中很多容器都可能含有双酚 A (图 9.13)。

9.4.2 双酚 A 的危害

双酚 A 在生活中应用广泛,随着其危害性报道的增多,其安全性逐渐成为公众关注的焦点。有研究表明,双酚 A 属于低毒性化学物。动物试验发现双酚 A 有模拟雌激素的效果,即使很低的剂量也能使动物产生雌性早熟、精子数下降、前列腺增长等问题。此外,有资料显示,双酚 A 具有一定的胚胎毒性和致畸性,可明显增加动物卵巢癌、前列腺癌、白血病等的发病率。有初步的人体实验显示,孕妇在妊娠早期如果受到双酚 A 影响可能会导致婴儿感染哮喘。

图 9.12　孕妇是对双酚 A 暴露的敏感人群，长期使用含有双酚 A 的容器可能增大流产的风险

图 9.13　双酚 A 不仅存在于奶瓶中，生活中很多容器都可能含有双酚 A

我国科学家专门就双酚 A 对男性内分泌的影响进行了以人体作为试验对象的研究。在这项试验中，研究人员将一组在工厂里暴露于双酚 A 环境中 5 年以上的男性工人，与另一组 5 年之内没有暴露于双酚 A 环境中的工人进行对比研究。结果表明，暴露于双酚 A 环境中的男性工人发生勃起功能障碍的风险是对照组的 4 倍，且出现射精困难的可能性是对照组的 7 倍。本研究结果是关于长期暴露于双酚 A 环境对人体健康有害的第一项直接证据。

但有研究表明双酚 A 并不是人类致癌的诱发因素。尽管有研究显示，奶瓶等塑料制品中的双酚 A 可能会影响婴幼儿的成长发育，并对儿童大脑和性器官造成损伤，但是迄今未有充足证据证明婴儿或者儿童因摄取聚碳酸酯（PC）奶瓶释放的双酚 A 成分而受到伤害。有研究认为，制造塑料容器的 PC 材质可能会释放有毒的双酚 A，温度越高释放越多且速度越快。然而，塑料容器是否真会释放足以威胁健康的双酚 A，目前仍存在很大争议。

目前，已经有部分国家开始禁止用含有双酚 A 的材料制造食品容器。例如，美国率先禁止婴儿奶瓶等食品和饮料容器中使用双酚 A；加拿大政府也禁止进口和销售含双酚 A 成分的聚碳酸酯塑料婴儿奶瓶；法国参议院人员也已开始制定双酚 A 禁止政策；中国卫生部等六部门也于 2011 年 5 月 30 日发布公告，禁止将含双酚 A 的材料用于婴幼儿奶瓶。由于对传统塑料奶瓶中双酚 A 的忧虑，家长们开始寻找替代品。因玻璃奶瓶容易破碎伤人，所以不锈钢奶瓶开始热销。图 9.14 所示为不含双酚 A 的新型材料奶瓶。

图 9.14　不含双酚 A 的新型材料奶瓶

9.5　人造纳米材料

自从纳米材料问世，人们就一直担心其对人体的健康风险。由于纳米材料具有特殊的理化性质，进入生命体后，产生的生物效应与常规物质有很大不同，有可能给人类健康带来严重损害，并成为许多重大疾病的诱因。中科院高能物理所纳米生物效应与安全性实验室主任赵宇亮指出，"对纳米技术的滥用可能从微观层次破坏生态系统，并且这种破坏造成的危害很可能是无法挽回的。"图 9.15 所示为纳米材料的分子结构。

9.5.1　纳米材料概述

纳米材料（nanometer material）全称为纳米级结构材料，是指在三维空间中至少有一维处于纳米尺度范围（1～100nm）并由它们作为基本单元构成的材料，这相当于 10～100 个原子紧密排列在一起的尺度。由于纳米颗粒尺度已接近光的波长，加上其具有超大的比表面积，因此其所表现的特性，例如熔点、磁性、光学、导热、导电特性等，往往不同于该物质在整体状态时所表现的性质。自从 20 世纪 80 年代中期纳米金属材料问世以来，相继研制成功的有纳米半导体薄膜、纳米陶瓷、纳米磁性材料和纳米生物医学材料等。

纳米材料的种类非常丰富，其中石墨烯（graphene）是一种由碳原子构成的单层片状结构的新材料，是目前世界上最薄也是最坚硬的纳米材料。石墨烯具有非同寻常的导电性能、超出钢铁数十倍的强度和极好的透光性，它的出现有望在现代电子科技领域引发新一轮的革

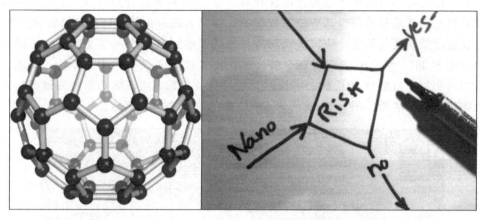

图 9.15　纳米材料的分子结构

命。与传统的半导体和导体相比，石墨烯中的电子能够极为高效地进行迁移，这使它具有非同寻常的优良特性，因此受到很多行业的青睐。2013 年 2 月，欧盟宣布将研究石墨烯在手机制造上的应用。然而，作为一种新型纳米材料，石墨烯的广泛应用可能会带来环境风险。图 9.16 所示为应用石墨烯为原料制成的特性手机屏。

图 9.16　以石墨烯为原料制成的柔性手机屏

9.5.2　纳米材料的环境风险

纳米材料可以通过多种途径进入环境而成为纳米污染物（nano-pollutants）。在科学研究、生产、运输、使用及废物处理等过程中的间接和直接释放是纳米材料进入环境的主要途径，但目前还不清楚这些过程的释放程度。

纳米材料的用途非常广泛，甚至可以被应用于环境治理，如纳米监测系统（如传感器）、污染物控制和清除系统以及对土壤和水体的脱盐处理等，至于纳米材料的这种应用是否会对生态环境造成不利影响及影响的程度如何，还有待研究。

纳米材料在不同环境介质中的迁移途径主要有以下几种：分散和聚集、吸附、生物吸收、生物蓄积和生物降解。生物蓄积依赖于纳米材料的表面特性，这种特性决定了纳米材料可能被脂肪组织、骨骼或体内蛋白吸收。纳米材料一旦被生物吸收，可能会在生物体内积累，并通过食物链进一步富集，使得较高营养级生物体内纳米材料的含量达到环境中的数百倍、数千倍甚至数百万倍。因此，作为最高营养级的人类，面临着体内积累高浓度纳米材料的风险。防晒霜是纳米材料在化妆品上应用较早的产品（图 9.17）。2013 年，欧盟规定在含有纳米材料的化妆品包装上必须明确标识，并在应用前进行安全测试。

图 9.17　一位母亲正在给儿童涂抹防晒霜

9.6　饮用水消毒副产物

2012 年 8 月 21 日，某水务网公布了对 7 月份出厂水质的检测结果（103 项指标），认为深圳各区出厂水全部达标。与此对应的是，有多名业内人士向媒体爆料称，该市众多自来水厂所用的消毒技术会产生消毒副产物"三卤甲烷"等，积累到一定程度可能对人体产生严重危害。

那么，直接饮用自来水有什么风险呢（图 9.18）？除了水中可能存在的微生物会导致肠道疾病，消毒副产物也可能带来健康风险。

9.6.1　消毒副产物的产生

消毒是控制饮用水（这里指自来水）生物安全性的最后一道屏障。氯化消毒在我国第二代饮用水常规工艺处理中得到了大规模的应用，不仅能够消灭水中的大部分致病细菌和寄生虫卵，同时具有去色、除味和灭藻的功能。但是越来越多的研究表明，饮用水加氯消毒后会产生消毒副产物（DBPs），这些物质会危害人体健康，使人患结肠癌和膀胱癌的危险增加。

消毒副产物是指用于饮用水消毒的消毒剂与水中一些天然有机物或无机物（溴化物/碘化物）反应生成的化合物（Disinfection By-Products，DBPs）。水中 DBPs 的种类因消毒剂

图 9.18　直接饮用自来水有一定风险

和消毒方法的不同而异。目前已检测到的氯化消毒副产物（Chlorination By-Products，CbPs）多达数百种。表 9.4 给出了各类消毒剂可能产生的 DBPs。

表 9.4　各类消毒剂可能产生的 DBPs

消毒剂	消毒副产物
氯	氯仿、卤乙酸、卤化腈
氯胺	卤乙酸、氯化腈、溴化腈
二氧化氯	亚氯酸盐、氯酸盐、有机性副产物
臭氧	溴酸盐、醛类物质、酮类物质、羧酸、二溴丙酮腈

9.6.2　DBPs 的健康风险

饮用水被应用于日常生活中的很多方面，人体会通过多种途径直接接触 DBPs。在 DBPs 的毒理学研究上，普遍认为消毒副产物具有诱变性、致癌性和生殖与发育毒性（见表 9.5）。

表 9.5　消毒副产物对健康的影响

DBPs 种类	化合物名称	毒理作用
三卤甲烷(THMs)	三氯甲烷	引发肝、肾和生殖系统的癌症
	二氯一溴甲烷	影响神经系统、肝脏、肾脏和生殖能力
	一氯二溴甲烷	引发肝、肾和生殖系统的癌症
	三溴甲烷	引发肝、肾和生殖系统的癌症
卤代乙腈(HANs)	三氯乙腈	引发癌症，致突变和致使染色体断裂
卤代醛和酮	甲醛	诱变
卤酚	2-氯苯酚	引发癌症或肿瘤
氯乙酸(HAAs)	二氯乙酸	引发癌症和对生殖及发育产生影响
	三氯乙酸	对肝、肾、脾和生长发育产生影响

根据 DBPs 的形成机理，目前控制 DBPs 的方法主要包括改进加氯消毒工艺、研发替换含氯消毒剂、去除消毒副产物的前驱物、去除已经产生的消毒副产物和从源头控制，加强水源水的保护，并制定严格的饮用水水质标准。消毒副产物三氯甲烷的沸点较低，在水烧开过程中易挥发，多沸腾几分钟即可除去。图 9.19 所示为加热沸腾的热水。

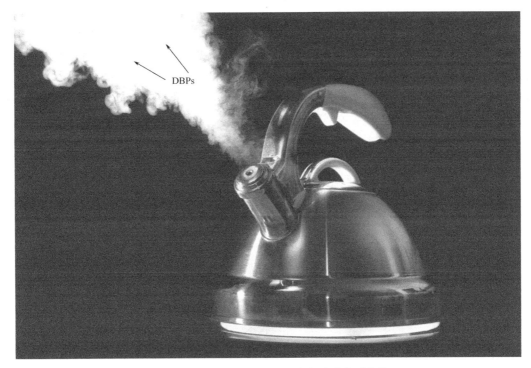

图 9.19　饮用水加热沸腾后能够除去大部分消毒副产物（DBPs）

思　考　题

1. 全氟化合物经常被用于哪些领域，其对人体的危害有哪些？
2. 你了解我国药物滥用和丢弃的情况吗，药物进入环境的潜在危害有哪些？
3. 我们生活中的哪些用品中含有溴化阻燃剂，其对人体的危害是什么？
4. 很多塑料容器中都含有双酚 A，我们是否有必要避免使用此类容器？
5. 日常生活中哪些用品是用纳米材料制成的，使用纳米材料制品有何风险？
6. 自来水中为什么会残留三氯甲烷，对人体有何危害，如何除去？

10　饮食与健康

2014 年 2 月 10 日，国务院办公厅正式发布《中国食物与营养发展纲要（2014—2020）》，这是我国政府制定的第三部关于食物与营养发展的纲领性文件。新《纲要》建议 2020 年肉类的年人均消费目标是 29 千克，而目前人均消费量已经超过 50 千克；《纲要》还指出，我国居民对奶类、蔬果等食物的摄入量仍显不足，需要增加。图 10.1 所示的刀叉和硕大的问号提示我们如何吃得安全，吃得健康。

图 10.1　我们都在关心：如何吃得安全，吃得健康

古语道"民以食为天"，在追求饮食味道鲜美的同时，每个人都希望吃到（包括喝到）既有营养又安全的食物。然而，现实的情况是：一方面，人们对饮食营养的认识不足，很容易受到各种错误信息的误导；另一方面，危及食品安全的事件层出不穷，人们"谈吃色变"。此外，由于经济条件的改善，饮食营养过剩导致的"富贵病"，如肥胖、高血压、高血脂等问题，正在悄悄威胁人们的健康。

10.1　营养与健康

10.1.1　食物中的营养

营养（nutrient）是指食物中可给人体提供能量、构成机体和组织以及具有生理调节功能的化学成分。人体所需的营养物质可概括为七大类：蛋白质、脂肪、碳水化合物、无机盐、维生素、水和纤维。其中，水和纤维严格来讲不算是营养物质，但是对于人体维持正常功能必不可少。

10.1.1.1　蛋白质

蛋白质（protein）是由氨基酸组成的具有一定构架的高分子化合物，人体的生长、发育、运动、遗传、繁殖等一切生命活动都离不开蛋白质。蛋白质摄取不足会使人体代谢效率降低，导致形体消瘦、肌体免疫力下降、贫血等症状。但是，蛋白质摄入过多会对肝脏、肾脏造成负担，还会加速钙的流失，损害骨骼健康。

蛋白质的最佳食物来源是鱼、肉、奶、蛋、大豆、坚果等。其每日需求量根据年龄、性别、劳动条件和健康情况而定，普通健康成年人每千克体重大约需要 0.8 克蛋白质。婴幼儿、青少年、怀孕期间的妇女、伤员和运动员通常每日需要摄入更多的蛋白质。

蛋白粉一般是采用提纯的大豆蛋白、酪蛋白或乳清蛋白或上述几种蛋白的组合体构成的粉剂，其用途是为缺乏蛋白质的人补充蛋白质。然而蛋白粉对蛋白质的贡献率一般不会超过鱼、肉、蛋类。如果每天维持正常合理的膳食搭配，一般是不需要额外补充蛋白质的。盲目食用蛋白粉，不仅是一种浪费，还可能因此而加重肝、肾负担，得不偿失。图 10.2 中所示的健美运动员代言"蛋白粉广告"让消费者轻易地相信服用蛋白粉也会使自己变得同样健美。

图 10.2　健美运动员代言"蛋白粉广告"

10.1.1.2　脂肪

脂肪（fat）是脂肪酸和甘油的化合物，对人体的主要作用为储存和供给能量，作为某些激素的合成前体，促进脂溶性营养素的吸收等。根据不同结构，脂肪分为不饱和脂肪、饱和脂肪和反式脂肪。

不饱和脂肪（unsaturated fat）：主要组成为不饱和脂肪酸，结构中含有不饱和键（双键），稳定性差，凝固点高，主要来自鱼类、贝类、家禽肉、坚果类、大豆、谷物，具体分为单不饱和脂肪和多不饱和脂肪。多不饱和脂肪可以提高脑细胞的活性、调节心脏功能、调节血脂、美容护肤、促进毛发生长等。各类保健食品广告上常提到的 DHA（二十二碳六烯酸）和 EPA（二十碳五烯酸）即属于多不饱和脂肪。

饱和脂肪（saturated fat）：主要组成为饱和脂肪酸，是结构中不含不饱和键（双键）的脂肪，主要来自动物脂肪和某些植物油（椰子油、棕榈油和可可油）。过量食用饱和脂肪可能会导致胆固醇升高，动脉粥样硬化，增加罹患心脏病、中风、糖尿病和其他疾病的风险。

反式脂肪（trans fat）：主要组成为反式脂肪酸，是结构中含有反式双键的脂肪，主要来自油炸食品和使用氢化植物油的食品，如代可可脂巧克力、植脂末等。反式脂肪摄入量过多，会使血浆中低密度脂蛋白胆固醇上升，高密度脂蛋白胆固醇下降，增加患冠心病等的风险，甚至导致血栓形成、动脉硬化、大脑功能衰退等。

深海鱼油是指从深海鱼类动物体中提炼出来的脂肪成分，含有较多的EPA和DHA，前者具有疏导、清理心脏血管的作用，后者则是大脑成长、发育不可缺少的基础物质之一。但是如果过多服用深海鱼油制剂，则会增加饮食中的热量摄入。事实上，与其食用昂贵的鱼油不如多吃些海鱼，同样可以摄取足够的不饱和脂肪酸。图10.3所示的鱼油补充剂在国外非常流行。

图 10.3　鱼油补充剂

10.1.1.3　碳水化合物

碳水化合物（carbohydrate）是人们生理活动和劳动、工作所需能量的主要来源。它还能促进其他营养素的代谢，与蛋白质、脂肪结合成糖蛋白、糖脂，组成抗体、酶、激素、细胞膜、神经组织、核糖核酸等具有重要功能的物质。在我们的日常饮食中，米、面制成的食物主要成分是碳水化合物，是人类获取能量的主要来源，但如果摄入过多则可能导致发胖。

在保持适量碳水化合物摄入的情况下，宜减少食用高度精炼的碳水化合物，如白面包、糖、精制白面和白米饭。如果食用过多会使体内血糖快速上升，刺激胰岛素大量分泌，长此以往会形成"胰岛素阻抗"，让脂肪在身体中大量累积。宜多食用优质碳水化合物，如全麦、糙米、小米、燕麦等。因为它们对胰岛素的影响很小，且其完整的纤维可减缓吸收，缓解饥饿，有助于控制血糖。

10.1.1.4　维生素

维生素（vitamin）对维持人体生长发育和生理功能起重要作用，许多维生素是辅基或辅酶的组成部分，参与调节人体内的物质代谢。常见的维生素可分为脂溶性维生素（如维生素A、D、E、K等）和水溶性维生素（维生素B_1、B_2、B_{12}、C等）。新鲜蔬菜和水果是摄取维生素的最佳来源。表10.1列出了常见维生素及其缺乏后的症状和主要食物来源。

10.1.1.5　矿物质

矿物质（mineral）是构成人体组织和维持正常生理功能必需的各种元素的总称。矿物质包括60多种元素，其中21种为人体营养所必需。钙、镁、钾、钠、磷、硫、氯7种元素含量较多，占矿物质总量的60%～80%，被称为大量元素。其他元素如铁、铜、锌、锰、钼、钴、铬、镍、氟等在机体内含量少于0.005%，被称为微量元素。虽然矿物质在人体内

表 10.1　常见维生素及其缺乏后的症状和主要食物来源

常见维生素	缺乏后的症状	主要食物来源
维生素 A	导致夜盲、角膜炎；生殖功能衰退，骨骼成长不良及生长发育受阻	动物肝脏、鱼肝油、奶类、蛋类及鱼卵；胡萝卜、南瓜、韭菜等
维生素 B_1	产生多发性神经炎、脚气病、下肢瘫痪、浮肿和心脏扩大等症状	豆类、硬果和干酵母；动物肝脏、瘦肉和蛋黄
维生素 B_2	导致口角炎、皮炎、舌炎、脂溢性皮炎、结膜炎和角膜炎等	动物肝脏、干酵母、奶、蛋、豆类、坚果类和叶菜类等
维生素 B_{12}	恶性贫血；神经系统损害	肝、肉类、鸡蛋、牛奶
维生素 C	坏血病；牙龈出血、牙齿松动、骨骼脆弱、黏膜及皮下易出血、伤口不易愈合等	新鲜蔬菜和水果
维生素 D	佝偻病、软骨病；长期过量服用维生素 D，就会引发高血钙，使软组织硬化，容易产生疲乏、头痛、多尿等病症	鱼肝油
维生素 E	不育、肌肉营养不良	各种植物油（麦胚油、玉米油、花生油、芝麻油）、谷物的胚芽、绿叶鲜蔬菜、肉、奶、蛋
维生素 K	血友病	酸奶酪、蛋黄、大豆油、鱼肝油、猪肝、海藻类、绿叶鲜蔬菜、西蓝花、椰菜、稞麦

的总量不及体重的 5%，也不能提供能量，但一旦缺乏就会对人体发育造成影响，例如缺钙会导致佝偻病，缺铁会导致贫血，缺锌会导致生长发育落后，缺碘会导致生长迟缓、智力落后等。

近年来，矿物质和维生素补充剂开始悄然流行，很多人也开始为该补什么迷茫起来。然而，目前的医学研究显示，摄入维生素和矿物质补充剂，对人体没有显著帮助，有时甚至会对人体造成伤害。

有研究发现，服用维生素 C 和 E，以及硒补充剂，并不会降低患前列腺癌、肠癌、膀胱癌或胰腺癌的风险，维生素和矿物质补充剂无法对抗癌症、中风和心血管疾病。据《美国医学协会期刊》的报道，一项以 3 万多个男性为对象的 5 年多研究发现，硒和维生素 E 不会降低患前列腺癌的风险；科研人员还不得不提早结束该试验，因为发现这些补充剂导致患前列腺癌和糖尿病的风险还稍微提高了。

美国约翰霍普金斯大学医学和流行病学教授米勒说："这些东西没有效用，而且食用过量会对人体造成伤害。人们对他们的饮食不满意，加上生活压力也很大，因此，以为这些东西对他们有帮助。其实这只是一厢情愿的想法。"

图 10.4 所示的复合维生素和矿物质补充剂未必适合所有人。

10.1.2　膳食营养搭配

为了维持身体健康，不仅需要摄入足够和均衡的营养物质，合理的膳食搭配也是十分必要的。对于膳食营养搭配，美国是做得比较成功的国家之一。1992 年，美国农业部发布了膳食金字塔（Food Pyramid）；2002 年，哈佛大学公共卫生学院营养系主任沃尔特·威利特教授和他的同事设计了一套"健康饮食金字塔"（Healthy Eating Pyramid），为人类健康提

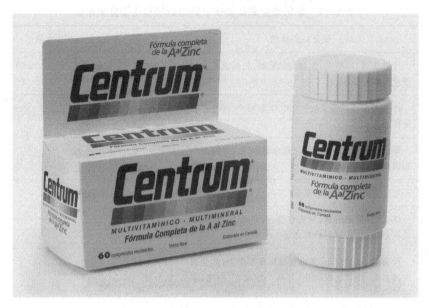

图 10.4 复合维生素和矿物质补充剂

供了更科学的饮食指南。美国农业部在 2005 年和 2011 年相继发布了"我的营养金字塔"（My Pyramid）和"我的餐盘"（My Plate）两种膳食金字塔。

但哈佛认为"我的餐盘"不够科学，而且暗示其中有关牛奶和肉类的建议，是受了农业部自身利益的影响。因此推出了他们认为更加科学、也更容易理解的"健康餐盘"（Healthy Eating Plate）。餐盘图简洁而艳丽，比金字塔图更易懂，几乎所有的普通民众一看就能明白每天所需的各类食物比例。图 10.5 示出的"健康餐盘"强调了蔬菜、水果、全谷物和健康蛋白质的重要性。

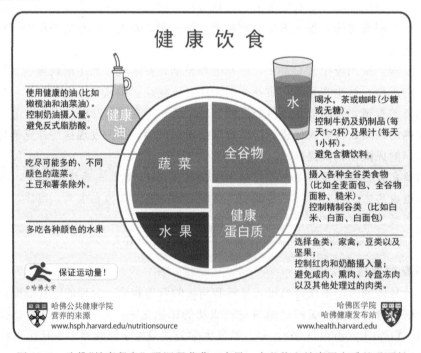

图 10.5 哈佛"健康餐盘"强调了蔬菜、水果、全谷物和健康蛋白质的重要性

10.2 食品安全与健康

安全的食品是指无毒、无害，符合应有的营养要求，且对人体健康不会造成任何急性、亚急性或者慢性危害的食品。安全原本是食品最基本的要求，然而近年来，全球食源性疾病的发病率不断上升，食品安全事故频发，一次次敲响了食品安全的警钟。食品在生产、加工、运输、销售、烹调等各环节中，都可能会受到环境中各种有害致病因子的侵入，导致食品卫生质量与营养价值降低，引起人体急性或慢性食物中毒。

10.2.1 食品的生物性污染

美国疾病预防控制中心按年均估计，每6个美国人中就会有1个感染食源性疾病，即每年约有4800万美国人感染食源性疾病。其中约有128000人入院治疗，而有约3000人死于食源性疾病。

10.2.1.1 细菌

2011年11月，我国几家速冻食品知名品牌相继被检出金黄色葡萄球菌超标，使得速冻食品行业陷入"细菌门"。金黄色葡萄球菌（$Staphylococcus\ aureus$）广泛存在于自然界中，而对速冻食品上游环节的鲜肉、蔬菜、水产品等的金黄色葡萄球菌含量并无强制规定，且行业自动化、规模化程度较低，导致众多企业产品被检出金黄色葡萄球菌。

细菌种类繁多，生理特性多种多样，任何食品的生产环境都不可能做到绝对无菌。当细菌以食品为培养基进行生长繁殖时，可使食品腐败变质。根据国内外统计，在各类食物中毒事件中，以细菌性食物中毒最多。引起中毒的主要有沙门氏菌属、肉毒梭状芽孢杆菌、致病性大肠杆菌、副溶血型弧菌、金黄色葡萄球菌等。

（1）沙门氏菌　沙门氏菌多在动物性食品中出现，如禽畜类、蛋类、奶类及其制品。人体被感染之后，通常在8～72h之间出现症状，一般是腹泻、腹痛、发烧等，这些症状可以在4～7d之后消失。不过，如果感染者是老人、小孩、孕妇、病人等免疫力比较弱的人群，后果就可能比较严重。美国曾多次出现大规模沙门氏菌污染事件，每年大约报告40000例沙门氏菌感染病例。

"溏心"鸡蛋是指蛋黄没有熟透、没有完全凝固的鸡蛋。许多人都认为这样的鸡蛋味道好，营养成分损失少。实际上，鸡蛋是一种比较容易受到细菌污染的食物，尤其是沙门氏菌。只有充分加热才能将它们灭活。美国农业部建议将鸡蛋制品加热到71℃以上，而"溏心"鸡蛋很难实现有效灭菌。食用未完全煎熟的鸡蛋容易造成细菌感染（见图10.6）

（2）肉毒杆菌　肉毒杆菌是自然界广泛存在的一种细菌，常存在于土壤和动物粪便中。该细菌尤其喜欢肉肠、火腿等富含蛋白质的食品，另外在豆制品和煮熟的黄豆、豆酱类食品中也可能含有肉毒杆菌。在我国的新疆、青海等少数民族地区，几乎每年都会出现因自制发酵肉制品而导致肉毒杆菌感染甚至死亡的事件。

（3）大肠杆菌　大肠杆菌常存在于肉类、乳品、生蔬菜、海鲜等食物中。肠杆菌科细菌大多为肠道的正常菌群，少数为病原菌（如大肠杆菌）。大肠菌群指标对于食品来说是一个基本的卫生学指标，其数值的大小表示被粪便（包括间接来源和直接来源）污染的程度。大肠菌群的多少与致病菌的存在有一定的关系，也就是说，大肠菌群越多所含有致病菌的可能性越大。

图 10.6　未完全煎熟的鸡蛋

2011年5月,肠出性大肠杆菌(EHEC)感染疫情在德国甚至整个欧洲迅速蔓延,造成多人死亡,亦有很多人由肠出血性大肠杆菌感染而出现溶血性尿毒综合征。这是迄今为止全球暴发的最大规模的 EHEC 感染事件。

图 10.7 所示为德国汉诺威医学院的专家针对肠出血性大肠杆菌进行血浆实验。

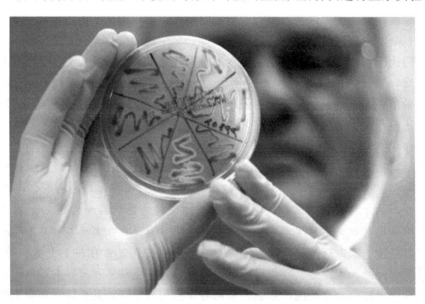

图 10.7　德国汉诺威医学院的专家针对肠出血性大肠杆菌进行血浆实验

(4) 副溶血性弧菌　主要污染海产品。它存活能力强,在抹布和砧板上能生存1个月以上。由该细菌引起的食物中毒事件在沿海地区同类食物中排在第一位,内陆地区由它引起的食物中毒事故也呈上升趋势。

以上细菌一般都会引起呕吐、腹泻等症状,严重的可能致命。要想远离它们的伤害,需要注意以下几点:选择新鲜安全的食品;加工生、熟食物的用具分开使用,生、熟食物分开存放，避免交叉污染；食物要烧熟煮透，特别是肉类、乳制品等易被病菌污染的食物；熟食应尽快吃掉，夏秋季节在常温下存放不应超过4h；食品应储存在60℃以上或4℃以下环境中，在冰箱内存放的饭菜必须回锅进行充分加热后食用。

10.2.1.2 真菌

真菌在自然界中广泛存在，有些真菌被应用于食品工业中，如酿酒、制酱、面包发酵等，但有些真菌也会通过食物给人体健康带来危害，主要有黄曲霉、青曲霉、麦角霉及寄生曲霉等。据世界粮农组织（FAO）估计，全世界每年约有25%的粮食作物受到真菌毒素的污染，造成的经济损失每年达数千亿美元。常见真菌毒素及其可能涉及的主要微生物和食品种类见表10.2。

表10.2 常见真菌毒素及其可能涉及的主要微生物和食品种类

真菌毒素	产生真菌毒素的主要微生物	可能涉及的食品种类
黄曲霉素	黄曲霉	谷物颗粒、面粉、面包、麦片、爆米花
	寄生曲霉	生奶油
棒曲霉素	圆弧青霉	苹果和苹果制品
	扩展青霉	
青曲霉素	曲霉种属	超市中的发霉食品
赭曲霉素	曲霉	谷物颗粒、绿咖啡豆
	鲜绿青霉	
柄曲霉素	杂色曲霉	谷物颗粒、奶酪、干肉、冷藏与冷冻馅饼

产毒真菌污染食品后，可使食用者中毒。有些毒素可以诱导基因突变和产生致癌性，有些则显示出对特定器官的毒性。大米、玉米、花生易被黄曲霉菌或寄生曲霉菌污染，从而产生黄曲霉毒素。黄曲霉毒素致癌性极强，而且非常耐热，加热至280℃其结构都不会被破坏。进入人体后，它的毒性可直接作用于肝脏，进而会引起细胞突变，染色体增殖，降低人体免疫力，从而增加患肝癌的风险，所以坚决不要食用霉变食物。图10.8示出了形态各异的霉菌。这些霉菌往往产生危害极大的毒素。

10.2.1.3 病毒

病毒没有生命，仅由一层蛋白质外衣包裹着核酸组成。它通常吸附在易感细胞上并将它的核酸注入细胞，在宿主细胞内复制出成千上万个病毒，从而破坏宿主细胞。病毒不能繁殖，但可以存留相当长的时间，烹饪时充分加热可以消灭食物中的病毒。引起食物中毒和传染病的常见病毒有：肝炎病毒、诺如病毒。

肝炎病毒（HAV）是一种重要的食源性疾病病毒，常见于被污染的水源、食物、餐具、病人或携带者中。据报道，在美国每年有2万～3万肝炎病例，而其中相当一部分是由于食用被污染的食品所致。肝炎病毒的潜伏期为2～6周，症状从发热、疲乏和食欲不振开始，继而出现肝功能损害。

美国疾病控制与预防中心（CDC）于2013年1月25日报道，一种新型的诺如病毒导致美国几个月内出现多例腹泻呕吐病例。诺如病毒通常在11月至次年4月期间爆发，高峰期通常在1月份。该新型病毒传染性强且无特效疗法，预防诺如病毒感染的最好方法包括使用肥皂洗手、用清水冲洗水果和蔬菜、彻底烹饪贝壳类食物、生病时不要为他人准备食物或照顾他人。

图 10.8 形态各异的霉菌

诺如病毒（NV）属于杯状病毒科，是一种致病性、传染性极强的肠道病毒。它主要存在于受污染的水源与食物中，感染胃和肠道，常在社区、学校、餐馆、医院、托儿所、孤老院及军队等处集体爆发。病毒感染后潜伏期多在 12~48 小时，少数在 24~72 小时，伴随症状有腹泻、恶心、呕吐、腹部痉挛、头痛、体痛和低烧。

10.2.1.4 寄生虫

寄生虫（parasite）是生活在动物或人体内的生物体。低温冷冻或彻底加热食物通常均能有效杀灭寄生虫。人感染寄生虫病大多是由于生食、半生食等不良饮食习惯，或食物加热不彻底所导致。食物中常见的寄生虫有旋毛虫、肺吸虫、肝吸虫等。

(1) 旋毛虫　常见于受到旋毛虫感染的猪和其他畜类动物中。感染症状首先为便稀或水样便，有时伴有腹痛或呕吐，随后出现中毒过敏性症状，最后出现肌痛、乏力、消瘦，潜伏期 5~15 天。

(2) 肺吸虫　常见于生或不熟的淡水蟹、虾中。起病多缓慢，有轻度发热、盗汗、乏力、腹痛、食欲不振、咳嗽、腹泻、恶心、呕吐、排棕褐色黏稠脓血便，潜伏期数周至数年。

(3) 肝吸虫　常见于生或不熟的肉、淡水鱼和虾中。感染症状为腹泻、腹胀、肝肿大、食欲差，潜伏期 30 天左右。

对寄生虫的预防措施主要有：切菜板与切肉板分开使用；肉品和水产品须冷冻储藏，食用时须彻底煮熟；不生食或半生食畜肉、鸡蛋和水产品。

10.2.2 食品的化学性污染

10.2.2.1 食品添加剂

在我们的生活中，许多食品的美妙口感都来自食品添加剂。食品添加剂（food additives）是为改善食品品质和色、香、味，以及为防腐、保鲜和加工工艺的需要而加入食品中的人工合成或天然存在的物质。我国目前批准使用的食品添加剂有 2000 种左右，按功能分为 23 个类别，有防腐剂、膨松剂、香料（香精）、着色剂（色素）、加工助剂、营养强化剂等。其中香料种类最多，有 1000 多种。

近年来，我国发生了多起因滥用、违规添加食品添加剂而导致的食品安全事件。如果加入的物质不在国标允许的范围内，就属于违法添加行为，例如柠檬黄、苏丹红、塑化剂、三聚氰胺；使用工业级产品也属于此类，例如工业明胶、工业柠檬酸、工业硫酸铜等。超出国标规定的使用量、违背食品添加剂使用原则等也会导致食品安全问题，如用香精腌制鸭肉、伪造牛羊肉等。

事实上，只要国家法律法规允许使用的食品添加剂一般都经过严格的安全性评价，在正确的使用范围、正确的使用量内，其安全性就可以保障。有时不使用添加剂反而具有更大的危险性，比如变质的食物往往会引起食物中毒。另外，某些食品添加剂除了能防止食品变质外，还可以杀灭曲霉素菌等产毒微生物，有助于保证食品安全性。

10.2.2.2 农药残留

农药（pesticide）指用于预防、消灭或者控制危害农业、林业的病虫、草及其他有害生物以及有目的地调节植物、昆虫生长的化学合成或者来源于生物及其他天然物质的一种或者几种物质的混合物及其制剂。目前世界各国的化学农药品种约有 1400 多个，作为基本品种使用的有 40 个左右。由于农药种类多，用量大，农药污染已成为环境污染的一个重要方面。食品中主要的农药残留为有机氯农药、有机磷农药、有机汞农药、氨基甲酸酯类农药、除草剂等。

世界上许多国家都面临 DDT（又称滴滴涕，学名双对氯苯基三氯乙烷）残留问题。20 年前，德国就有科学家发现了母乳中的 DDT 残留。德国有些城市甚至一度规定让产妇必须做母乳检测，看是否存在 DDT 残留。2011 年 5 月，浙江省疾病防控中心工作人员发现，部分母乳样本中存在农药残留，且该农药是国内停用已 30 年的 DDT。

为了保证植物不受病虫害侵扰，农药长期被广泛使用（见图 10.9）。

图 10.9 农药喷洒作业

有机氯农药化学性质稳定,不易降解,在土壤中降解一半所需的时间为几年甚至十几年。这种农药可随径流进入水体,随大气飘移,然后又随雨雪降到地面,可在食物链中富集,并在环境和人体中长期残留。在我国,有机氯农药虽已于1983年停止生产和使用,但是目前在许多食品中仍有较高的检出量。目前,有机磷农药、氨基甲酸酯类农药已经全面替代了有机氯农药,这些新型农药用量少、化学性质不稳定、易于降解、残留期短,大大提高了蔬菜、水果等的安全性。

由于多数蔬菜、水果都有农药残留,有必要在食用前进行细致清洗。对于叶类蔬菜,一般先用流动水冲洗掉表面污物,然后用清水浸泡10分钟左右,浸泡后仍要用流动水冲洗干净。对于茄瓜类蔬菜,建议清洗后去皮食用。也可以采用加热煮沸的方法清除残留农药,一般将清洗后的果蔬置于沸水中2~5分钟后捞出,然后用清水洗净即可。

10.2.2.3 兽药污染

兽药(veterinary drugs)是指用于预防、治疗、诊断动物疾病或调节动物生理机能的物质,主要包括:血清制品、疫苗、诊断制品、微生物制剂、中药材、中成药、化学药品、抗生素、生化药品、放射性药品及外用杀虫剂、消毒剂等。

目前,抗生素类兽药在生物体内残留的问题比较严重。抗生素是某些微生物在代谢过程中产生的能抑制或杀灭其他病原微生物的化学物质,在兽药和饲料添加剂中被广泛使用,主要有四环素、土霉素、金霉素等。2013年,研究人员对中国、丹麦和西班牙人的肠道微生物耐药基因进行了分析,结果发现,中国人肠道微生物的耐药基因类型较多,能让更多类型的抗生素"失效"。另外,在这三个国家的人群体内,肠道微生物的四环素耐药基因型都很高。四环素类抗生素很少用于临床,但在畜牧养殖中的使用量要显著高于其他抗生素,因此科学家们推测这或许与兽药抗生素的使用有关。

同样,激素类兽药的残留也值得注意。在畜牧业生产中,经常使用激素作为动物饲料添加剂埋植于动物皮下,以促进动物生长发育、体重增加以及促使动物同期发情等。这些激素主要包括 β 兴奋剂、性激素和生长激素,它们一旦通过食物进入人体,就会明显影响机体的激素平衡,引起机体水、电解质、蛋白质、脂肪和糖的代谢紊乱,甚至会产生致癌、致畸

图10.10 2011年因含有"瘦肉精"被查封的某品牌部分肉制品

效应。

2010年8月,多家媒体报道湖北、江西、山东、广东等多地女婴疑似因服用同一品牌奶粉,导致身体出现早熟特征。食品营养专家指出,奶牛吃的饲料或草料含有激素的可能性最大,虽然国家规定在饲料生产过程中,不允许添加激素,但有些饲料厂拿到生产许可证之后就披着合格产品的外衣,改变配方,生产不合格的产品。2011年,媒体曝光了某品牌部分肉制品含有"瘦肉精",该企业多批产品被查封(见图10.10)。

10.3 科学饮食

10.3.1 理性选择健康饮食

10.3.1.1 食品包装,暗藏玄机

市场上的加工食品越来越多,为了让消费者充分了解产品的信息,各国都制定了相关法律,要求加工食品在包装上详细标明产品信息,包括食品类别、配料表、营养素含量、生产日期和保质期、认证标志等,以保障消费者的知情权。

(1) 食品类别 类别的名称是国家许可的规范名称,能反映出食品的本质。

(2) 配料表 食品的营养品质,本质上取决于原料及其比例。按法规要求,含量最大的原料应当排在第一位,最少的原料排在最后一位。

(3) 营养素含量 对很多食品来说,营养素是人们追求的重要目标。同时也要注意其中的热量、脂肪、饱和脂肪酸、钠和胆固醇含量等指标。

(4) 生产日期和保质期 即使在保质期之内,消费者也应当选择距离生产日期较近的产品。虽然没有过期意味着食物仍具有安全性和口感,但毕竟随着时间的延长,其中的营养成分会有不同程度的降低。

(5) 认证标志 很多食品的包装上有各种质量认证标志,如有机食品标志、绿色食品标志、无公害食品标志、QS(质量安全)标志等,还有市场准入证明。这些标志代表着产品的安全品质和管理质量,在同类产品中应优先选择有认证的产品。

10.3.1.2 不断成长的有机食品

随着人们对健康重视程度的提高,很多人开始选择食用有机食品(organic food)。在此背景下,有机蔬菜、有机牛奶、有机大米等争相陈列在各大超市的有机专柜。据调查,有机食品比普通食品的价格一般高出30%~80%,有些品种,例如有机蔬菜的价格甚至为普通蔬菜的2~3倍。但是,随着有机产业的发展,行业竞争加剧,夸大与虚假宣传行为、有机产品认证标志使用不规范等诸多问题不断涌现。这些有机食品是否名副其实,其实并不清楚。

图10.11所示为美国第一夫人在白宫花园种植有机蔬菜,以宣传美国的"有机农场项目"。

2013年7月1日,新的《有机产品认证实施规则》开始实施。据悉,新认证标准实施后,每件有机食品都必须贴上新标识,刮开标识下方的涂层,可以看到17位数字组成的认证码。消费者可根据编号在"国家有机产品认证标识备案管理系统"上查询产品的真伪及对应的每张有机产品认证证书、获奖证书和产名、产址。一旦消费者在食用时发现问题,即可通过追溯系统查找原因。

图 10.11　美国第一夫人在白宫花园种植有机蔬菜

10.3.1.3　远离垃圾食品

垃圾食品（junk food）指仅提供一些热量，基本不含其他营养成分的食品；或提供超过人体所需营养并变成多余成分的食品；或加工制作过程产生有毒有害成分的食品。垃圾食品的范围较宽泛，不仅局限于非法加工、非法添加、有毒或有安全隐患的食品。实际上垃圾食品多是合格、合法、被普遍食用的食品，但它们缺乏重要营养素，又添加了很多色素、香料、甜味剂、增稠剂等，是"品之有味、多食无益"的一类食品（见图 10.12）。以下是几类常见的垃圾食品，以及它们对人体健康的影响。

（1）油炸食品　油炸食品是淀粉类食品在高温（＞120 摄氏度）烹调后的食品，如麻花、油条、油饼、炸鸡翅、炸薯条、炸薯片等，在我们生活中非常常见。经常食用油炸食品对身体健康极为不利。油炸食品通常不容易消化，大量油脂物质的摄入容易导致肥胖；反复使用的油在高温下会产生致癌物质苯并[a]芘，诱发胃癌、肠癌；油炸淀粉含有潜在致癌物质丙烯酰胺，可能诱发良性或恶性肿瘤。

（2）烧烤食品　是在火上烹调至可食用的食品，常见的有羊肉串、铁板烧等。与油炸食品相似，烧烤食品易产生强致癌物质苯并[a]芘。另外，该烹调方式供热不均匀，肉质中烤焦烤煳部分会含有烃类致癌物质，没有充分烤熟的地方则容易残留活体寄生虫、病菌。

2002 年 4 月 24 日，瑞典国家食品局（NFA）和斯德哥尔摩大学科学家发表的研究结果表明：面包、油炸薯条、土豆片等含有淀粉碳水化合物高的食物，经 120 摄氏度以上高温长时间烘烤、油炸后，均能检测出有致癌可能性的丙烯酰胺（acrylamide）。丙烯酰胺主要在高碳水化合物、低蛋白质的植物性食物加热（达到 120 摄氏度以上）烹调过程中形成。

（3）腌制食品　腌制是利用食盐以及其他物质（糖、酱油等）经添加渗入到食物组织内，降低水分活度，抑制腐败菌的生长，从而防止食物变质，保持其食用品质的一种保藏方法。常见的腌制食品有咸菜、咸蛋、咸肉、熏肉、腊肉、肉干、鱼干、香肠等。腌制食品都是高钠食品，大量进食可导致盐分摄入过多，容易加重肾脏的负担，增大患高血压的风险；在腌制过程中会产生一定量的亚硝酸盐，有致癌风险；在腌制过程中容易滋生微生物，可能

图 10.12 各种常见的"垃圾食品"

导致肠道感染；另外，工厂加工腌制食品一般会添加防腐剂、增色剂和保色剂等，会加重人体肝脏负担。

（4）奶油甜品类 奶油是从牛奶、羊奶中提取的黄色或白色脂肪性半固体食品，是由未均质化之前的生牛乳顶层的牛奶脂肪含量较高的一层制得的乳制品。奶油甜品主要有奶油、冰淇淋、冰棒和各种雪糕。很多人喜欢奶油的香浓爽滑，但其高脂高热的缺点极易引起肥胖；为了让减少成本并增加口感，部分奶油中常添加氢化植物油，即"植物奶油"，其中含有反式脂肪酸，如果大量食用对心脏健康不利。

（5）蜜饯类食品 蜜饯类食品是科学技术落后的年代保存水果的形式，是一类高糖、高钠、低维生素食品。维生素、抗氧化剂等微量成分是水果中最有价值的部分，而蜜饯类食品经过煮熟或者暴晒，这使得水果中的维生素基本上损失殆尽，水果变成了"糖果干"。而且，我们品尝到的蜜饯的浓郁甜味并不都是源于水果中果糖，而是源于大量添加的白砂糖和甜味剂（甜蜜素、阿斯巴甜、甘草、糖精钠等）。另外，为保持"甜酸咸"的口感，蜜饯类食品的盐分过高，过多食用会导致血压升高和肾脏负担加重；再加上为了能保持比较好看的颜色和香味，有时候会加一些漂白剂、色素、香精、防腐剂等，过量食用会损伤肝脏。蜜饯类食品远不如新鲜水果营养价值高，而且还含有较多的添加剂（见图 10.13）。

10.3.2 饮品与健康

在现代社会，我们喝的"水"有多种形式，"水"的功能也不仅是为人体补充水分，还可能有补充营养、调节代谢、刺激神经等功能。因此，我们喝什么、怎么喝，跟吃什么、怎么吃一样重要。市面上有各种各样的饮品，如茶、咖啡、豆浆、牛奶、电解质饮料、果汁饮料、碳酸饮料、功能饮料等。我们在选择自己喜爱的饮品时，有必要了解这些饮品与人体健康有何关系。

10.3.2.1 茶：淡雅神韵

茶泛指可用于泡茶的常绿灌木茶树的叶子及其制品，以及用这些叶子炮制的饮品。在中国乃至世界范围内，茶被视为是一种著名的保健饮品。在悠长的饮茶历史中，中国发展出独

图 10.13　各种蜜饯类食品

特的茶文化。已知茶叶中含有 500 多种化学成分，其中有机成分有 450 多种，很多具有生理作用。茶叶中与人体健康关系密切的主要是咖啡因和茶多酚。

咖啡因是一种中枢神经的兴奋剂，具有提神的作用，在茶叶中含量为 2%～5%。多酚类化合物主要由儿茶素类、黄酮类化合物、花青素和酚酸组成，这是茶叶中的主要活性组分。据报道，这些具有抗氧化、防止动脉粥样硬化、降血脂、防辐射等多种功效。需要明确的是，茶不能替代药物，目前还没有证据表明茶对任何疾病有治疗效果，因此它只能作为一种比较健康的饮料。一般来说喝茶有助于凝神静气，修身养性。茶是中国人普遍喜爱的饮品（见图 10.14）。

图 10.14　茶是中国人普遍喜爱的饮品

10.3.2.2 咖啡：浓香四溢

据 2012 年 5 月的《新英格兰医学期刊》报道，剔除掉抽烟、喝酒等影响因素后，研究人员观测到饮用咖啡的老年人死于心脏病、呼吸疾病、中风、外伤、意外事故、糖尿病和传染病的概率较低。不过，研究者同时也指出，尚无法确定喝咖啡是否真的能让人长寿。

咖啡是西方人喜欢的饮品，近年来在中国逐渐流行起来（见图 10.15）。

图 10.15 咖啡

咖啡是采用经过烘焙的咖啡豆（咖啡属植物的种子）所制作出来的饮料，是人类社会（特别是西方国家）流行范围最为广泛的饮料之一。有研究认为，能够消除疲劳，有温和的提神功效，降低抑郁症和第二型糖尿病的发病风险。但是，过量饮用咖啡可能会对健康有不利影响。大量摄入咖啡因会导致神经中枢兴奋，从而导致失眠、身体震颤、易怒或神经紧张等。此外，摄入咖啡过多也可能增大患骨质疏松症的风险。

市售"三合一"速溶咖啡中含量最多的成分是植脂末（或称为"咖啡伴侣"），植脂末中含有危害健康的反式脂肪酸，如果摄入过多会增加患心脏病、糖尿病的风险。另外，速溶咖啡的生产过程中会产生一种潜在的致癌物质——丙烯酰胺。因此，不宜过多饮用速溶咖啡。

10.3.2.3 豆浆：优质蛋白之源

豆浆是我国的传统饮品，因其营养丰富、价廉质优而成为许多人早餐的必备饮品。豆浆富含人体所需的优质植物蛋白，且脂肪含量低，并含有钙、磷、铁、锌、硒等微量元素和多种维生素，其营养成分易于人体消化吸收。豆浆中丰富的铁可以有效改善缺铁性贫血症状；所含的大豆膳食纤维能有效地阻止糖的过量吸收；大豆异黄酮能缓解更年期综合征和改善骨质疏松。豆浆不含胆固醇、乳糖成分，不易引起腹泻，这是让有些人选择豆浆而不选择牛奶的原因之一。不过，豆类中含有一定量的低聚糖，可以引起嗝气、肠鸣、腹胀等症状，胃溃疡患者最好限制饮用量。

10.3.2.4 牛奶：补钙佳品

人体每天需要一定量的蛋白质与钙，而牛奶可能是提供优质蛋白和钙的最便捷的方式。

牛奶中的蛋白质在氨基酸组成上与人体需求非常接近，消化吸收率又高，在食品科学上被列为"优质蛋白"——满足人体氨基酸需求效率最高的蛋白质。牛奶中不仅含有丰富的钙，而且其吸收率也很高。此外，牛奶中还含有相当多的锰、钾以及某些维生素。在西方国家，牛奶不是"补充营养"的高档食品，而是人们的常规食品。

牛奶是一种常见的过敏原，对亚洲人来说，牛奶易引起乳糖不耐症，容易引起腹痛、腹泻、呕吐甚至其他更严重的反应。牛奶所含饱和脂肪和胆固醇，对于心血管健康不利——这正是现在一般推荐喝脱脂奶的原因；在发达国家，注重健康的人倾向于选用脱脂或半脱脂牛奶。而在我国，还很少有人意识到脱脂牛奶对健康的重要性（见图 10.16）。

图 10.16　全脂牛奶（左）、半脱脂牛奶（中）和脱脂牛奶（右）

10.3.2.5　电解质饮料：运动必备

电解质饮料的主要作用是补充运动员在比赛和训练中丢失的水分、电解质和能量物质。其电解质成分有钠离子、钾离子、镁离子、氯离子、硫酸根离子、磷酸根离子、柠檬酸盐、蔗糖、葡萄糖、维生素 C 及维生素 B_6 等。

电解质饮料是针对进行密集、高强度运动的运动员设计的，不应该被当成"健康饮料"饮用，在人体不需的时候补充电解质，反而可能对身体造成危害。例如，电解质饮料中钠含量一般在 50~1200 毫克每升，大量饮用电解质饮料，会增加钠的摄入量，从而增加罹患高血压、中风、心血管疾病、胃癌、骨质疏松等疾病的风险。

10.3.2.6　果汁饮料：看起来很美

果汁（指鲜榨果汁，非果汁饮料）是一种既美味又有营养的饮品。适量喝点果汁可以助消化、润肠道，补充膳食中营养成分的不足。另外，有香甜味道的果汁能促进人们增加饮水量，保证了身体对水分的摄取。

但是一般的果汁饮料并非鲜榨果汁，其营养与水果有相当大的差距，多数果汁饮料所含的果汁量很少，有的甚至仅有 10% 左右（见图 10.17）。即使是鲜榨果汁也不能作为新鲜水果的替代品。首先，我们在榨汁时"滤掉"的部分包含了整只水果中的绝大多数纤维素；第二，捣碎和压榨的过程使水果中的某些易氧化的维生素被破坏；第三，果汁不容易产生饱腹感，容易喝过量饮用，导致无意中摄取过多热量。

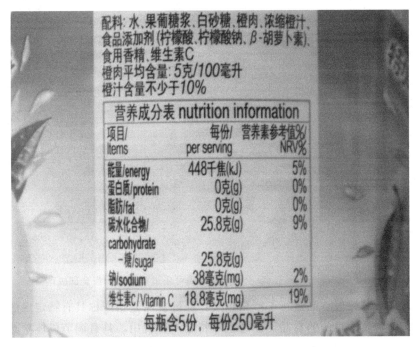

图 10.17　很多果汁饮料的果汁含量仅有 10% 左右

10.3.2.7　碳酸饮料：另一种垃圾食品

碳酸饮料是指在一定条件下充入二氧化碳的饮料制品，一般是由水、甜味剂、酸味剂、香精、色素、二氧化碳及其他原辅料组成。它主要起到清凉解暑的作用，一般没有营养价值。也有少数碳酸饮料中添加了维生素、电解质等物质，但其营养价值与其带来的副作用相比是微乎其微的。

过量饮用碳酸饮料对人体是极为不利的，它影响人体健康的成分主要有蔗糖、碳酸、阿斯巴甜、食品染料和磷酸。其中，蔗糖的过量摄入可能会导致蛀牙和肥胖；碳酸饮料中的酸性物质会腐蚀牙齿，使血液长期处于酸性状态，不利于血液的循环，影响人体的免疫力；阿斯巴甜可能与抽搐、抑郁、失眠、烦躁、虚弱、头晕、偏头痛和情绪不稳定有关；而磷酸的大量摄入会影响钙的吸收，对骨骼的生长发育可能产生负面影响，还可能为以后发生骨质疏松症留下隐患。运动员、中老年人、正处于成长期的幼儿以及妊娠期的妇女应避免饮用碳酸饮料。

据英国《每日邮报》报道，尽管牙科医生反复警告称软饮料有损牙齿，但澳大利亚某酒店的工作人员威廉·肯维尔（William Kennewell）对此置之不理，每天饮用大量碳酸饮料。如今，年仅 25 岁的他只能靠假牙吃饭（见图 10.18）。另外，对含糖饮料上瘾般的喜爱还令肯维尔患上了败血症。

10.3.3　科学认识保健食品

保健食品是食品的一个种类，具有一般食品的共性，据称能调节人体的机能，可能适于特定人群食用，但不能治疗疾病。保健（功能）食品在欧美各国被称为"健康食品"，在日本被称为"功能食品"。我国的《保健食品注册管理办法（试行）》于 2005 年 7 月 1 日正式

图 10.18　澳大利亚 25 岁男子由于喝可乐过多导致牙齿全部脱落

实施，该《办法》对保健食品进行了严格定义：保健食品是指声称具有特定保健功能或者以补充维生素、矿物质为目的的食品，即适宜于特定人群食用，具有调节机体功能，不以治疗疾病为目的，并且对人体不产生任何急性、亚急性或者慢性危害的食品。

人们对保健食品一直抱着一种盲目信任的状态。据市场调查数据显示，有将近 1/4 的人认为保健品可以当作药品，有将近一半的人认为维生素没有任何害处，且多多益善。实际情况是，所谓的保健食品一般并不具有保健作用，多数厂家依靠虚假宣传随意夸大其保健效果，使很多人上当，尤其是体弱多病的老年人。此外，各类营养品也同样具有很大的误导性。例如，人参、燕窝等传统高级营养品，其营养价值都不明确，是否有保健效果更是不得而知，有的可能还含有一些有害元素，因此不要盲目食用。

过度摄入"保健食品"，不仅无法获取身体所需的营养物质，还可能因为其中过量添加的所谓"营养素"而出现不良反应。更可怕的是，如果将"保健食品"作为药物食用，可能会贻误治疗时机，从而加重病情，甚至危及生命。例如，如果妇女长期服用所谓的"排毒养颜"食品，很可能因为摄入激素成分过多而导致内分泌失调、代谢紊乱，甚至增加罹患癌症的风险。另外，也有报道显示，儿童过度服用保健食品容易导致性早熟等发育问题。

中国消费者协会发布的《二〇一三年上半年全国消协组织受理投诉情况分析》指出，保健品（保健食品和保健用品）市场良莠不齐，虚假宣传问题突出。2013 年上半年，全国消协组织受理保健品投诉 2318 件，其中涉及虚假宣传占 22.5%。部分患有慢性疾病的老年人，经受不住一些保健品通过媒体购物形式进行违规宣传的误导，食用或使用后无法达到预期的治疗效果，甚至耽误了治疗时机。

思 考 题

1. 人体必需的营养成分包括哪几类，它们各自的功能主要是什么？
2. 你目前的饮食规律、饮食结构是否健康，该如何改善？

3. 在食用加工食品前你是否会注意其生产日期、保质期、配料表等信息？
4. 哪些食物属于"垃圾食品"，它们有什么危害，你是否打算戒掉吃"垃圾食品"的习惯？
5. 是否存在真正意义的"保健食品"或"保健饮品"，你如何看待这个产业？
6. 食品的生物污染和化学污染主要有哪些，如何避免食用受污染的食品？
7. 长期饮用茶或咖啡对人体健康有何影响？
8. 查阅资料，了解我国最近发生的食品安全事件。

参 考 文 献

[1] Dade W. Moeller. Environmental Health. 3rd Edition. Cambridge：Harvard University Press，2005.
[2] Jennifer Holdaway［美］，王五一，叶敬忠，张世秋主编. 环境与健康：跨学科视角. 北京：社会科学文献出版社，2010.
[3] Robert H. Friis. Essentials of Environmental Health. 2nd Edition. Sudbury：Jones & Bartlett Learning，2012.
[4] Walter C. Willett. Eat，Drink，and Be Healthy：The Harvard Medical School Guide to Healthy Eating. New York：Free Press，2005.
[5] 薄燕主编. 环境问题与国际关系. 上海：上海人民出版社，2007.
[6] 蔡俊主编. 噪声污染控制工程. 北京：中国环境科学出版社，2011.
[7] 程发良等. 环境保护基础. 北京：清华大学出版社，2002.
[8] 程胜高主编. 环境与健康. 北京：中国环境科学出版社，2006.
[9] 崔宝秋主编. 环境与健康. 北京：化学工业出版社，2013.
[10] 戴树桂主译. 环境科学：全球关注. 北京：科学出版社，2004.
[11] 高红武主编. 噪声控制工程. 北京：北京经济学院出版社，2003.
[12] 郭新彪. 环境健康学. 北京：北京医科大学出版社，2006.
[13] 何康林主编. 环境科学导论. 徐州：中国矿业大学出版社，2005.
[14] 洪宗辉主编. 环境噪声控制工程. 北京：高等教育出版社，2002.
[15] 环境保护部科技标准司编. 国内外化学污染物环境与健康风险排序比较研究. 北京：科学出版社，2010.
[16] 纪红. 噪声对海航飞行员心血管和神经系统的影响. 临床军医杂志，2005，33（3）：344-345.
[17] 鞠美庭主编. 环境学基础. 第2版. 北京：化学工业出版社，2010.
[18] ［美］坎贝尔著，吕奕欣等译. 救命饮食：中国健康调查报告. 北京：中信出版社，2011.
[19] 林培英等编著. 环境问题案例教程. 北京：中国环境科学出版社，2002.
[20] 刘鉴强. 中国环境发展报告. 北京：社会科学文献出版社，2013.
[21] 刘静玲等编著. 环境科学案例研究. 北京：北京师范大学出版社，2006.
[22] 刘芃岩主编. 环境保护概论. 北京：化学工业出版社，2011.
[23] 刘天齐主编. 环境保护. 北京：化学工业出版社，2000.
[24] 刘新会主编. 环境与健康. 北京：北京师范大学出版社，2009.
[25] 宁平主编. 固体废物处理与处置. 北京：高等教育出版社，2007.
[26] 曲向荣主编. 环境保护与可持续发展. 北京：清华大学出版社，2010.
[27] 任连海等主编. 城市典型固体废弃物资源化工程. 北京：化学工业出版社，2009.
[28] 上海市疾病预防控制中心，美国环境卫生科学研究院. 环境与健康展望. 2011-2013.
[29] 沈伯雄主编. 固体废物处理与处置. 北京：化学工业出版社，2010.
[30] 施开良. 环境·化学与人类健康. 北京：化学工业出版社，2002.
[31] 孙迎雪，田媛编著. 微污染水源饮用水处理理论及工程应用. 北京：化学工业出版社，2011.
[32] 谭见安主编. 地球环境与健康. 北京：化学工业出版社，2004.
[33] 王志刚等编著. 危险废物的污染防治与规划. 北京：化学工业出版社，2005.
[34] 奚旦立，孙裕生主编. 环境监测. 北京：高等教育出版社，2010.
[35] 徐顺清主编. 环境健康科学. 北京：化学工业出版社，2005.
[36] 余刚，张祖麟等译. 水污染导论. 北京：科学出版社，2004.
[37] 张康生，韩建国译. 水危机：寻找解决淡水污染的方案. 北京：科学出版社，2000.
[38] 张乃明主编. 环境污染与食品安全. 北京：化学工业出版社，2007.
[39] 张寅平主编. 中国室内环境与健康研究进展报告 2012. 北京：中国建筑工业出版社，2012.
[40] 赵景联主编. 环境科学导论. 北京：机械工业出版社，2005.
[41] 赵育. 环境污染与人体健康. 北京：中国环境科学出版社，2006.
[42] 左玉辉主编. 环境学. 北京：高等教育出版社，2010.
[43] 周启星，孔繁翔，朱琳主编. 生态毒理学. 北京：科学出版社，2004.